AF889996

Die eindeutige Bestimmung allgemeiner konvexer Flächen

SCHRIFTENREIHE
DES FORSCHUNGSINSTITUTS FÜR MATHEMATIK
BEI DER DEUTSCHEN AKADEMIE DER WISSENSCHAFTEN ZU BERLIN

Herausgeber: Josef Naas, Erhard Schmidt, Kurt Schröder

In dieser Schriftenreihe befinden sich in Vorbereitung bzw. sind erschienen:

Heft 1: Der Begriff des Raumes in der Geometrie. Bericht von der Riemann-Tagung des Forschungsinstituts für Mathematik *mit Beiträgen von 28 Autoren, herausgegeben von J. Naas und K. Schröder.*

Heft 2: Lösung des allgemeinen Randwertproblemes für eindimensionale gedämpfte Wellen bei harmonischem Zeitgesetz *von Karl Borkmann und Siegfried Oberländer.*

Heft 3: Die eindeutige Bestimmung allgemeiner konvexer Flächen *von A. W. Pogorelow.*

Heft 4: Bemerkungen über die Stabilitätsuntersuchungen der Wirbelstraßen *von Bl. Dolapčiev.*

Heft 5: Die Verbiegung der konvexen Flächen *von A. W. Pogorelow.*

HEFT 3 DER SCHRIFTENREIHE DES FORSCHUNGSINSTITUTS
FÜR MATHEMATIK

DIE EINDEUTIGE BESTIMMUNG ALLGEMEINER KONVEXER FLÄCHEN

VON

A. W. POGORELOW
Korrespondierendes Mitglied der Ukrainischen
Akademie der Wissenschaften
Professor für Mathematik, Universität Charkow

1956

AKADEMIE-VERLAG · BERLIN

А. В. Погорелов
Однозначная определенность общих выпуклых поверхностей
Verlag der Akademie der Wissenschaften der Ukrainischen SSR, Kiew 1952

Übersetzung aus dem Russischen und wissenschaftliche Redaktion: J. NAAS

Die Herausgabe dieses Heftes wurde gefördert vom Kulturfonds
der Deutschen Demokratischen Republik

Redaktion der Schriftenreihe: Prof. Dr. J. NAAS,
Forschungsinstitut für Mathematik, Berlin W 8, Jägerstraße 22/23
Erschienen im Akademie-Verlag GmbH., Berlin W 8, Mohrenstraße 39
Lizenz-Nr. 202 · 100/136/56
Satz und Druck: Buchdruckerei F. Mitzlaff KG., Rudolstadt i. Thür. V/14/7 (700)
Bestell- und Verlagsnummer 2069/3
Printed in Germany

Vorwort zur deutschen Übersetzung

Die in diesem Heft in Übersetzung aus dem Russischen wiedergegebene Arbeit von A. W. POGORELOW ist ein wichtiger Beitrag zu einem differentialgeometrischen Problemkreis, der seit vielen Jahrzehnten eine hervorragende Rolle spielt. Es handelt sich um die Frage, welche Riemannsche Mannigfaltigkeiten in einen reellen euklidischen Raum eingebettet werden können und unter welchen Bedingungen eine solche Einbettung starr, d. h. eindeutig bestimmt ist. Dabei sind die Mannigfaltigkeiten lokal allein in der Umgebung eines Punktes sowie auch global untersucht worden. Der lokale Standpunkt findet sich in SCHLAEFLIS Beitrag aus dem Jahre 1873 (Ann. di Mat. 2, ser. 5, 1871—1873), in dem für eine n-dimensionale Mannigfaltigkeit als Dimensionszahl des euklidischen Raumes $n(n+1)/2$ vermutet wird; für 2-dimensionale Mannigfaltigkeiten mit analytischer Metrik bestätigte JANET (Ann. soc. polonaise de math., 5, 1926) und für n-dimensionale Mannigfaltigkeiten E. CARTAN (Ann. soc. polonaise de math., 6, 1927) diese Vermutung.

C^1-Mannigfaltigkeiten, d. s. solche mit einmal stetig differenzierbarem Ortsvektor, sind in reelle euklidische Räume lokal einbettbar, wenn auch mit anderer Dimensionszahl, als sie SCHLAEFLI angegeben hat; darüber existieren Resultate von J. NASH (Ann. of Math. 60, 1954 und 63, 1956) und N. H. KNIPER (Proc. Kon. Acad. Wet., Amsterdam A 58, No. 4, 1955).

Auf globale analytische Mannigfaltigkeiten bezieht sich das Resultat von D. HILBERT, demgemäß eine reguläre Fläche negativ konstanter Krümmung in den 3-dimensionalen euklidischen Raum nicht eingebettet werden kann. Hingegen soll für C^1-Mannigfaltigkeiten die Einbettung nach den oben erwähnten Ergebnissen von N. H. KNIPER sehr wohl möglich sein.

Auf Einbettung globaler Mannigfaltigkeiten in den 3-dimensionalen euklidischen Raum R_0 bezieht sich das Problem von H. WEYL: Alle 2-dimensionalen Riemannschen Mannigfaltigkeiten mit überall positiver Gaußscher Krümmung sollen in R_0 eingebettet werden. H. LEWY (Proc. Acad. USA 24, No. 2, 1938) und L. NIRENBURG (Com. Pure App. Math. 6, 1953) lösten dieses Problem für geschlossene reguläre Flächen im Rahmen der Theorie partieller Differentialgleichungen. Für alle Ränder abgeschlossener konvexer Punktmengen des R_0 verdanken wir A. D. ALEXANDROW eine Lösung, die auf dem Studium dieser allgemeinsten Flächen durch Approximationen mit Polyedern beruht („Die innere Geometrie der konvexen Flächen", Moskau-Leningrad 1948 und deutsche Übersetzung Berlin 1955). A. D. ALEXANDROW verallgemeinert dieses Resultat auf Einbettungen in reelle Räume R_K mit konstanter Krümmung K, wobei für $K = O$ die Einbettung in den euklidischen Raum R_0 als Spezialfall erscheint. Im Rahmen der von ALEXANDROW entwickelten geometrischen Methode beweist A. W. POGORELOW, daß alle Biegungsflächen von konvexen Flächen des R_0, wenn sie eine C^n-Metrik besitzen, zur Klasse der C^{n+1} Mannigfaltigkeiten gehören; konvexe Flächen im R_0 mit analytischer Metrik sind analytische Flächen (Staatsverlag f. wiss. techn. Lit., Moskau-Leningrad 1951). Was die Starrheit von Flächen des R_0 betrifft, so wurde diese für geschlossene Flächen mit einer Gaußschen Krümmung $> O$ von H. LIEBMANN (Gött. Nachr. 1899, Math. Ann., Bd. 53 und 54), W. BLASCHKE (Gött. Nachr. 1912, Math. Z., Bd. 9, 1912), H. WEYL (Berl. Sitzungsbericht 1917) bewiesen. ST. COHN-VOSSEN hat Beispiele unstarrer geschlossener Flächen des R_0 angegeben (Gött. Nachr. 1927). Auch ist bekannt, daß geschlossene konvexe Flächen des R_0 ihre Starrheit verlieren, wenn man auf ihnen ein beliebig kleines Loch anbringt. Den bisher allgemeinsten Starrheitssatz für die Flächen des R_0 beweist in der vorliegenden Arbeit A. W. POGORELOW, indem er zeigen kann, daß die Ränder abgeschlossener konvexer Punktmengen kongruent sind, wenn sie dieselbe Metrik besitzen. Auch unendliche konvexe Flächen mit der Gesamtkrümmung 2π erweisen sich nach A. W. POGORELOW als starr (Doklady Akad. N. 1956, Bd. 106, No. 1).

Die vorausgehenden Bemerkungen über Einbettung und Starrheit sind keineswegs ein vollständiger Überblick; sie weisen lediglich auf einige Hauptergebnisse in der Entwicklung dieses Problemkreises hin.

Der in diesem Heft enthaltene Starrheitsbeweis ist ein besonders instruktives Beispiel für die von A. D. ALEXANDROW begründete geometrische Methode in der neueren Differentialgeometrie.

Für eine Durchsicht des Manuskriptes der deutschen Übersetzung und für manche Verbesserung derselben wird an dieser Stelle Herrn E. REMBS herzlich gedankt.

Berlin, im April 1956

J. Naas

Inhalt

KAPITEL I

EINFÜHRUNG

§ 1. *Fragestellung, ihre Bedeutung und das endgültige Resultat*

Wir werden *konvexe* Flächen betrachten. Konvexe Fläche heißt eine beliebige zusammenhängende offene Menge auf dem Rand eines konvexen endlichen oder unendlichen Körpers. Der ganze Rand eines endlichen konvexen Körpers heißt *geschlossene* konvexe Fläche. Zwei konvexe Flächen heißen *isometrisch,* wenn zwischen ihnen eine solche Punktbeziehung hergestellt ist, bei welcher entsprechende Kurven gleiche Länge haben. Gleiche konvexe Flächen sind offensichtlich isometrisch.

Das Wesen des Problems, welches die vorliegende Arbeit zu lösen gestattet, besteht im Beweis der folgenden Behauptung:

Zwei beliebige, geschlossene, isometrische, konvexe Flächen sind gleich[1]).

Das Problem ist nicht neu. Für in bestimmtem Sinne einfachste Flächen, für konvexe Polyeder wurde es im wesentlichen schon im Anfang des vergangenen Jahrhunderts von Cauchy gelöst, der im Jahre 1813 bewies, daß geschlossene, konvexe Polyeder, die gleichmäßig aus gleichen Polygonen zusammengesetzt sind, gleich sind. Bis zum Ende des vergangenen Jahrhunderts blieb dieses Resultat das einzige.

Neue Resultate, die die erörterten Probleme betreffen, erschienen zu Beginn des 20. Jahrhunderts in Arbeiten von Liebmann, Minkowski, Hilbert, Weyl, Cohn-Vossen. Das allgemeinste Resultat wurde von Cohn-Vossen im Jahre 1927 erhalten. Cohn-Vossen bewies, daß isometrische, geschlossene, dreimal stetig differenzierbare, konvexe Flächen mit überall positiver Gaußscher Krümmung gleich sind.

Es war klar, daß die Forderung der dreifachen Differenzierbarkeit im Theorem von Cohn-Vossen und auch die Positivität der Gaußschen Krümmung nicht durch das Wesen der Frage hervorgerufen wird, sondern durch die Beweismethode. Jedoch gelang es erst im Jahre 1943 Herglotz, welcher die Forderung der dreifachen Differenzierbarkeit im Theorem von Cohn-Vossen auf eine zweifache abschwächte und die Forderung nach einer positiven Gaußschen Krümmung fallen ließ, das Resultat zu verbessern.

A. D. Alexandrow erhielt im Jahre 1947, indem er die Idee des Beweises von Herglotz benutzte, weitere Abschwächungen der Forderung über die Regularität

[1]) kongruent (D. Übers.).

der Fläche im Satz von COHN-VOSSEN. Er bewies nämlich, daß der Satz unter der Voraussetzung einer einmaligen Differenzierbarkeit der Fläche und unter Ausnutzung einer Lipschitz-Bedingung für die ersten Ableitungen richtig ist.

Für alle aufgezählten Resultate ist jedoch charakteristisch, daß das Problem der eindeutigen Bestimmung in der Klasse der Flächen gelöst wird, welche diesen oder jenen äußeren Beschränkungen unterworfen sind. So wird z. B. im Satz von CAUCHY die Eindeutigkeit von Polyedern für die Klasse der Polyeder behauptet, im Satz von COHN-VOSSEN die eindeutige Bestimmung der dreimal stetig differenzierbaren Flächen für eine Klasse von Flächen, die ebenfalls dreimal stetig differenzierbar sind usw.

Ein qualitativ neues Resultat für die betrachtete Frage wurde von S. P. OLOWJANISCHNIKOW im Jahre 1941 erhalten. Er bewies die Eindeutigkeit geschlossener konvexer Polyeder für die Klasse *aller* konvexen Flächen, nämlich er bewies:

Wenn P ein geschlossenes konvexes Polyeder und F eine beliebige konvexe Fläche ist, die isometrisch zu P ist, dann ist sie ein Polyeder und dabei gleich P.

Im Jahre 1948 bewies der Autor die Eindeutigkeit geschlossener konvexer Flächen beschränkter spezifischer Krümmung für die Klasse aller konvexen Flächen.

Eine konvexe Fläche heißt eine Fläche mit beschränkter spezifischer Krümmung, wenn das Verhältnis der Oberfläche des sphärischen Bildes eines beliebigen Bereichs auf der Fläche zur Oberfläche des Bereichs selbst gleichmäßig (für alle Bereiche) beschränkt ist. In dieser Klasse sind z. B. alle regulären (zweimal stetig differenzierbaren) konvexen Flächen enthalten.

Der grundlegende Vorzug des vom Autor über den Satz von COHN-VOSSEN erhaltenen Resultats besteht nicht nur darin, daß die Klasse der Flächen, für welche die Eindeutigkeit bewiesen wird, bemerkenswert breiter als die Klasse der regulären Flächen ist, sondern darin, daß die Eindeutigkeit von Flächen beschränkter Krümmung in der Klasse aller konvexen Flächen bewiesen wird, und zwar gestattete dies dem Autor, im Jahre 1949 die Regularität konvexer Flächen mit regulärer Metrik zu beweisen.

In der vorliegenden Arbeit lösen wir das Problem der Eindeutigkeit für geschlossene konvexe Flächen in höchster Allgemeinheit. Wir beweisen nämlich den folgenden Satz:

Zwei beliebige geschlossene, isometrische, konvexe Flächen sind gleich.

Welches ist die Bedeutung des erhaltenen Resultats?

A. D. ALEXANDROW schuf in einer Reihe von Arbeiten, beginnend im Jahre 1940, eine Theorie für allgemeine konvexe Flächen. Die für diese Theorie ausgearbeiteten Methoden, besonders die Methode der Verheftung, welche eine große Kraft und Allgemeinheit besitzt, gestatteten, neue Resultate nicht nur für allgemeine konvexe Flächen, sondern auch für reguläre Flächen für die Fragen zu erhalten, welche Gegenstand zahlreicher Untersuchungen vieler berühmter Geometer waren.

Eines der wichtigen und schwierigen Probleme der Differentialgeometrie ist das Problem der Flächenverbiegung. Das Wesen dieses Problems besteht in folgendem: Es sei F eine gewisse Fläche. Es wird gefragt, ob Flächen existieren, die zu F isometrisch, aber nicht F gleich sind. Läßt die Fläche F eine Verbiegung zu, d. h. stetige Deformationen, bei welchen die Längen der Kurven auf ihr erhalten bleiben? Wie breit ist die Klasse der Flächen, welche zu F isometrisch sind? Wenn F' eine Fläche ist, die isometrisch ist zu F, existiert dann eine stetige Verbiegung der Fläche F in F' usw.?

Das Problem der Verbiegung für reguläre Flächen wird in bekannter Weise auf die Betrachtung einer gewissen partiellen Differentialgleichung zweiter Ordnung (Gleichung von DARBOUX) reduziert, was für sich ein ziemlich schwieriges Problem darstellt, insbesondere wenn man die Verbiegung einer ganzen Fläche betrachtet und nicht nur ein beliebig kleines Stück derselben.

Der Verheftungssatz von A. D. ALEXANDROW gestattet, jede der früher aufgeworfenen Fragen über die Verbiegung von Flächen auf einfachere, in vielen Fällen mit vollkommen elementaren Mitteln leichter lösbare Fragen zurückzuführen.

Bevor wir ein Beispiel anführen, erinnern wir daran, worin der Verheftungssatz besteht Wir werden ihn nicht in voller Allgemeinheit anführen, uns vielmehr auf den Fall zweier regulärer Flächen beschränken, welche einer Verheftung unterworfen werden.

Es seien F_1 und F_2 zwei reguläre konvexe Flächen, welche durch reguläre Kurven γ_1 und γ_2 begrenzt sind. Zwischen den Punkten der Kurven γ_1 und γ_2 sei eine eineindeutige Beziehung mit Beibehaltung der Bogenlänge hergestellt, und in entsprechenden Punkten dieser Kurven sei die Summe der geodätischen Krümmungen nicht negativ. Dann existiert eine geschlossene konvexe Fläche F, welche aus zwei Flächen besteht, von welchen die eine isometrisch zu F_1 ist und die andere zu F_2. Die Fläche F wird irgendwie mittels Verheftung aus den Flächen F_1 und F_2 erhalten, für welche die einander zugeordneten Punkte der Kurven γ_1 und γ_2 zum Zusammenfallen gebracht werden (die Flächen F_1, F_2 werden natürlich einer Verbiegung unterworfen).

Wir nehmen jetzt ein sphärisches Segment. Wenn dieses Segment kleiner als die Halbsphäre ist, so läßt es, wie leicht zu sehen ist, eine Verbiegung zu, weil die Halbsphäre in eine spindelförmige Drehfläche verbiegbar ist. Alles dieses ist wohlbekannt. Wenn jedoch das Segment größer als die Halbsphäre ist, dann ist die Möglichkeit seiner Verbiegung keineswegs trivial. Es ist z. B. bekannt, daß LIEBMANN, der zuerst die Nichtverbiegbarkeit geschlossener konvexer Flächen bewies, eine gewisse Zeit von der Unverbiegbarkeit eines sphärischen Segments, welches größer als die Halbsphäre ist, überzeugt war und sogar einen entsprechenden „Beweis" veröffentlichte.

Der Verheftungssatz gestattet, die aufgeworfene Frage über die Verbiegung eines sphärischen Segments ganz einfach zu lösen. Wir stellen uns vor, daß die Kreisfläche, die das Segment zu einer geschlossenen konvexen Fläche ergänzt, in eine Ellipse deformiert wird, welche der Kreisfläche nahe kommt, aber so, daß die Länge der Ellipse immer gleich der Länge des Kreisumfanges ist. Insofern die Ellipse wenig vom Kreise verschieden ist und für den Kreis und das Segment die Bedingungen des Verheftungssatzes reichlich erfüllt sind (die Summe der geodätischen Krümmung des Kreisumfanges auf dem Segment und der gewöhnlichen Krümmung des Kreises ist positiv), sind die Bedingungen auch für die Ellipse und das Segment erfüllt. Die im Resultat der Verheftung von Ellipse und Segment erhaltene geschlossene Fläche enthält einen Bereich, der zum Segment isometrisch, aber nicht gleich ihm ist.

Auf diese Weise verbiegen wir das sphärische Segment in der Klasse konvexer Flächen. Naturgemäß entstehen zwei Fragen:

1. Sind die von uns konstruierten Flächen, welche dem sphärischen Segment isometrisch sind, analytisch (gewöhnlich wird, wenn es sich um die Verbiegung einer analytischen Fläche handelt, die Konstruktion einer analytischen Fläche, die isometrisch zur gegebenen ist, beabsichtigt)?
2. Wenn der Kreis stetig in eine Ellipse deformiert wird, wird dann die Fläche, die zu dem Segment isometrisch ist, stetig verbogen?

Die Antwort auf die erste der gestellten Fragen gibt das folgende Theorem des Autors:

Eine konvexe Fläche, die zu einer analytischen Fläche mit positiver Krümmung isometrisch ist, ist analytisch.

Der Beweis dieses Satzes stützt sich in seinem Zentralpunkt auf den Satz über die Eindeutigkeit konvexer Flächen.

Wir erörtern die zweite Frage über die Stetigkeit der konstruierten Verbiegung eines sphärischen Segments. Die Lösung dieser Frage steht in Abhängigkeit davon, ob jede Fläche, die durch Verheftung aus Ellipse und sphärischem Segment entsteht, eindeutig bestimmt ist, und wenn dies so ist, dann lautet die Antwort auf die Frage zustimmend. Auf diese Weise führt uns die Lösung der Frage über die stetige Verbiegung eines sphärischen Segments noch zur Frage über die Eindeutigkeit von Flächen, die durchaus nicht regulär sind.

Wir beschränken uns auf dieses Beispiel. Zum Abschluß bemerken wir noch, daß das Problem der Verbiegung konvexer Flächen durch den Verheftungssatz in Verbindung mit dem Satz über die Regularität einer Fläche mit regulärer Metrik und mit dem Satz über die Eindeutigkeit allgemeiner konvexer Flächen — wenigstens prinzipiell — bis zum Ende gelöst wird.

§ 2. Die Grundbegriffe für konvexe Flächen. Sätze von A. D. Alexandrow

In diesem Paragraphen erinnern wir an grundlegende Begriffe und grundlegende Sätze für konvexe Flächen. Den Beweis dieser Sätze kann der Leser in dem Buch von A. D. Alexandrow [1] finden.

Eine Punktmenge eines Raumes heißt *konvexer Körper*, wenn sie abgeschlossen ist, innere Punkte enthält und zusammen mit jedem ihrer Punktpaare X und Y alle Punkte der Verbindungsstrecke derselben enthält. Der Rand eines konvexen Körpers heißt *volle konvexe Fläche.* Volle konvexe Flächen sind immer endlich oder unendlich. Eine endliche volle konvexe Fläche — der Rand eines endlichen konvexen Körpers — heißt *geschlossene konvexe Fläche.* Geschlossene konvexe Flächen sind der Sphäre homöomorph.

Ein beliebiger Bereich (eine zusammenhängende offene Menge) auf einer vollen konvexen Fläche heißt einfach *konvexe Fläche.* Unter den nicht vollen konvexen Flächen, d. h. Flächen mit Rand, sind bekanntlich die einfachsten die *konvexen Mützen.* Konvexe Mütze heißt eine konvexe Fläche mit ebenem Rand, die eindeutig auf die Ebene des Randes projizierbar ist.

Eine Ebene heißt *Stützebene* der Fläche F, wenn sie wenigstens einen Punkt der Fläche F enthält und die ganze Fläche auf einer Seite dieser Ebene gelegen ist. Durch jeden Punkt einer konvexen Fläche kann man wenigstens eine Stützebene hindurchlegen.

Es sei F eine konvexe Fläche und F_n eine Folge konvexer Flächen, welche nach F konvergieren. X_n sei ein Punkt auf der Fläche F_n und α_n sei die Stützebene der Fläche F_n im Punkte X_n.

Wenn für $n \to \infty$ die Folge der Punkte X_n nach dem Punkte X der Fläche F und die Folge der Ebenen α_n gegen die Ebene α konvergiert, dann wird die Ebene α zur Stützebene der Fläche F im Punkte X.

Aus dem Punkte X der konvexen Fläche F ziehen wir alle Halbgeraden, die ins Innere des Körpers gehen, dessen Randstück die Fläche F ist. Diese Halbgeraden füllen das Innere eines gewissen konvexen Kegels aus, der *Tangentenkegel* der Fläche F im Punkte X genannt wird. Der Tangentenkegel kann in ein Zweiflach oder in eine Ebene entarten. In Abhängigkeit davon heißt der Punkt X *konisch, kantig* oder *glatt.* Jede Stützebene der Fläche F im Punkte X wird zu einer Stützebene für den Tangentenkegel der Fläche in diesem Punkte. Umgekehrt wird jede Stützebene des Tangentenkegels zu einer Stützebene der Fläche im Punkte X.

Durch einen glatten Punkt einer konvexen Fläche kann man nur eine Stützebene legen. Diese Ebene heißt *Tangentenebene.*

Es sei X ein willkürlicher Punkt einer konvexen Fläche F. $F_n(X)$ sei eine konvexe Fläche, die durch eine Ähnlichkeitstransformation aus F mit dem Ähnlichkeitszentrum X und dem Ähnlichkeitskoeffizienten n erhalten wird. Es stellt sich heraus, daß für $n \to \infty$ die Folge der Flächen $F_n(X)$ gegen den Tangentenkegel der Fläche F im Punkte X konvergiert.

Die Normale zur Stützebene einer konvexen Fläche, welche in jenen durch die Stützebene bestimmten Halbraum gerichtet ist, wo keine Flächenpunkte liegen, heißt die *äußere Normale* dieser Stützebene.

Es sei F eine konvexe Fläche und M eine beliebige Punktmenge auf ihr. Wir legen von einem willkürlichen Punkte O aus die Einheitsvektoren der äußeren Normalen bezüglich der Stützebenen der Fläche F in den Punkten der Menge M. Die Enden dieser Einheitsvektoren bilden auf der Einheitskugel mit dem Mittelpunkt O eine gewisse Menge $\omega(M)$. Die Menge $\omega(M)$ heißt sphärisches Bild der Menge M auf der Fläche F. Wenn die Menge M nur aus einem Punkt besteht, so wird ihr sphärisches Bild: ein konvexer Bereich, wenn der Punkt M konisch ist, Bogen eines Großkreises, wenn der Punkt M kantig ist, und ein einzelner

Punkt, wenn M ein glatter Punkt ist. Das sphärische Bild einer abgeschlossenen Menge ist eine abgeschlossene Menge. Wenn die Menge $\omega(M)$ meßbar ist, so heißt ihr Inhalt die *Krümmung der Menge M*. Es stellt sich heraus, daß die Krümmung für alle BORELschen Mengen auf einer konvexen Fläche bestimmt und eine vollständig aditive Mengenfunktion ist.

Zwei beliebige Punkte auf einer konvexen Fläche kann man durch eine rektifizierbare Kurve verbinden. Die genaue untere Grenze der Längen der Kurven, welche zwei gegebene Punkte auf der konvexen Fläche verbinden, wird der *Abstand* zwischen diesen Punkten auf der Fläche genannt. Eine Kurve auf einer konvexen Fläche heißt *Kürzeste*, wenn ihre Länge gleich dem Abstand zwischen ihren Endpunkten auf der Fläche ist. Wenn jeder Punkt einer Kurve γ eine Umgebung besitzt, in welcher das Stück der Kurve γ eine Kürzeste ist, so heißt die Kurve γ *Geodätische*. Eine Kurve auf einer Fläche, welche aus einer endlichen Zahl von Kürzesten besteht, heißt *geodätisches Polygon*.

Es sei γ eine Kürzeste auf einer konvexen Fläche F. Dann ist ein beliebiges Stück γ_1 der Kürzesten γ auch eine Kürzeste, wobei auf der Fläche F keine anderen Kürzesten existieren, welche die Enden der Kürzesten γ_1 verbinden.

Ein Bereich G auf der konvexen Fläche F heißt konvex, wenn zwei beliebige Punkte dieses Bereichs durch Kürzeste verbunden werden können, welche ganz im Innern von G verlaufen. Zu jedem Punkt auf einer konvexen Fläche gibt es eine konvexe Umgebung.

Ein Bereich, der einem Kreis auf einer konvexen Fläche homöomorph ist, heißt *geodätisches Dreieck*, wenn er durch drei Kürzesten begrenzt ist.

Für konvexe Flächen führen wir den Begriff des Winkels zwischen Kurven ein. Es seien γ_1 und γ_2 Kurven auf einer konvexen Fläche F, die aus einem gemeinsamen Punkte O austreten. X_1 und X_2 seien Punkte auf den Kurven γ_1 und γ_2 in der Nähe des Punktes O. Wir konstruieren in der Ebene ein Dreieck mit Seiten, die den Abständen zwischen den Punkten O und X_1, O und X_2, X_1 und X_2 auf der Fläche F gleich sind. Es sei $\alpha(X_1, X_2)$ der Winkel des ebenen Dreiecks, der der Seite $\varrho_F(X_1, X_2)$ gegenüberliegt. Wenn für $X_1, X_2 \to 0$ der Winkel $\alpha(X_1, X_2)$ einem bestimmten Grenzwert zustrebt, so heißt dieser Grenzwert der *Winkel zwischen den Kurven* γ_1 und γ_2 im Punkte O.

Wenn eine Kurve, die aus dem Punkte O einer konvexen Fläche austritt, mit sich selbst einen bestimmten Winkel bildet (der folglich gleich Null ist), so sagt man, die Kurve hat in diesem Punkte eine bestimmte *Richtung*. Es wird gezeigt, daß eine Kurve γ im Punkte O eine bestimmte Richtung dann und nur dann besitzt, wenn sie in diesem Punkte eine Halbtangente hat. Die Kurven γ_1 und γ_2, welche aus einem gemeinsamen Punkte O auf einer konvexen Fläche austreten, bilden dann und nur dann einen bestimmten Winkel, wenn jede dieser Kurven im Punkte O eine bestimmte Richtung besitzt. Eine Kürzeste hat in jedem Punkte eine bestimmte Richtung.

Die Kurven γ_1 und γ_2, welche aus einem Punkte O austreten, mögen in diesem Punkte bestimmte Richtungen haben. Außerdem sollen diese Kurven keine anderen gemeinsamen Punkte in der Nähe von O besitzen. Dann existiert auf der

Fläche eine Umgebung V des Punktes O derart, daß die Kurven γ_1 und γ_2 diese in zwei „Sektoren" V_1 und V_2 zerteilen, ähnlich dem, wie ein Kreis durch zwei seiner Radien zerteilt wird. Wir zerteilen den Sektor V_i in kleinere Sektoren $V_i^{(1)}, V_i^{(2)}, \ldots, V_i^{(n)}$ durch die Kurven $\gamma_i^{(1)}, \gamma_i^{(2)}, \ldots, \gamma_i^{(n)}$, welche aus dem Punkte O austreten und in diesem Punkte bestimmte Richtungen besitzen. Die genaue obere Grenze der Summen der Winkel, welche von den Seiten der Sektoren $V_i^{(1)}, V_i^{(2)}, \ldots, V_i^{(n)}$ bei allen möglichen Zerteilungen des Sektors V_i gebildet werden, heißt der *Winkel des Sektors* V_i. Der Winkel des Sektors V_i ist gleich dem entsprechenden Winkel zwischen den Halbtangenten der Kurven γ_1 und γ_2 auf der Fläche des Berührungskegels im Punkte O.

Die gegebene Definition des Winkels zwischen den Kurven auf einer konvexen Fläche in Ausdrücken der inneren Metrik gestattet eine Definition der *inneren Krümmung* anzugeben. Unter der Krümmung eines geodätischen Dreiecks wird der Exzeß der Summe seiner Winkel über π verstanden. Die Krümmung einer beliebigen geschlossenen Menge auf einer Fläche wird definiert als die genaue untere Grenze der Summe der Krümmungen von Dreiecken, welche diese Menge bedecken. Die Krümmung einer beliebigen Menge wird definiert als die obere Grenze der Krümmungen der in ihr enthaltenen abgeschlossenen Mengen.

Es wird gezeigt, daß für alle Borelschen Mengen auf einer konvexen Fläche die innere Krümmung mit der äußeren, der Oberfläche des sphärischen Bildes zusammenfällt (Verallgemeinerung des bekannten Theorems von Gauss).

Die Krümmung einer konvexen Fläche im Punkte X ist gleich der Differenz bis zu 2π des vollen Winkels in der Spitze des Tangentenkegels an die Fläche in diesem Punkt und folglich von Null verschieden nur dann, wenn der Punkt X konisch ist.

Für Kurven auf konvexen Flächen wird der wichtige Begriff der *Schwenkung einer Kurve* eingeführt. Es sei γ eine einfache Kurve auf einer konvexen Fläche, welche in ihren Enden bestimmte Richtungen besitzt. Wir geben auf ihr einen bestimmten Durchlaufungssinn vor. Dabei erhalten einen bestimmten Sinn die Ausdrücke „rechts liegen" oder „links liegen" bezüglich der Kurve. Es sei Γ ein geodätisches Polygon, welches die Enden der Kurve γ miteinander verbindet. Es sei rechts von der Kurve γ gelegen und besitze außer den Enden keine anderen gemeinsamen Punkte mit der Kurve γ. Die Kurve γ und das Polygon Γ begrenzen einen gewissen Bereich G, welcher bei Bewegung in der angegebenen Richtung längs der Kurve γ rechts verbleibt. Es seien $\alpha_1, \alpha_2, \ldots, \alpha_n$ die Winkel, welche durch die aufeinanderfolgenden Glieder des Polygons Γ auf seiten des Bereichs G gebildet werden (es handelt sich um die Winkel der Sektoren). β_1, β_2 sind die Winkel, welche durch das Anfangs- und Endglied des Polygons und die Kurve γ in ihren Endpunkten auch auf der Seite von G gebildet werden.

Es stellt sich heraus, daß, wenn das Polygon Γ die Kurve γ approximiert, dann die Summe

$$\beta_1 + \beta_2 + \sum_i (\pi - \alpha_i)$$

einem bestimmten Grenzwert zustrebt. Dieser Grenzwert heißt *rechte Schwenkung* der Kurve γ. Die linke Schwenkung wird analog definiert.

Es sei U ein Bereich, der homöomorph dem Kreis ist, begrenzt durch die Kurve γ. Wir nehmen auf der Kurve zwei Punkte Q_1 und Q_2 und zerteilen sie auf diese Weise in zwei Kurven γ_1 und γ_2. Es seien p_1 und p_2 die Schwenkungen der Kurven γ_1 und γ_2 auf der Seite des Bereichs U. ϑ_1 und ϑ_2 seien die durch die Kurven γ_1 und γ_2 gebildeten Winkel in den Punkten Q_1 und Q_2 auf seiten des Bereichs U. Dann ist die Summe

$$2\pi - \vartheta_1 - \vartheta_2 + p_1 + p_2$$

nicht von der Wahl der Punkte Q_1 und Q_2 auf der Kurve γ abhängig und gleich

$$2\pi - \omega(U),$$

wobei $\omega(U)$ die Krümmung des Bereichs U ist. Dies ist die Verallgemeinerung des bekannten Theorems von GAUSS-BONNET.

Alles oben Angeführte wird in Zukunft als bekannt vorausgesetzt.

§ 3. Kürzeste auf einer konvexen Fläche

Im vorhergehenden Paragraphen wurden die Definition von Kürzesten auf einer konvexen Fläche und gewisse ihrer Eigenschaften als Flächenkurven angegeben. In diesem Paragraphen führen wir gewisse, für das Weitere notwendige Ergänzungen von Eigenschaften einer Kürzesten als Raumkurve ein.

Es sei F eine volle konvexe Fläche und K der Körper, den die Fläche F begrenzt. Es seien ferner X und Y zwei willkürliche Punkte der Fläche F, $\gamma(X, Y)$ die sie verbindende Kürzeste und γ' eine willkürliche Raumkurve, welche die Punkte X und Y verbindet und keine inneren Punkte des Körpers K enthält. Dann ist die Länge der Kurve γ' nicht kleiner als die Länge der Kurve γ (X, Y), wobei dann, wenn die Kurve γ' nicht ganz auf der Fläche F liegt, ihre Länge bekanntlich größer als die Länge der Kurve $\gamma(X,Y)$ ist (Theorem von BUSEMANN und FELLER).

Es sei X_0 ein willkürlicher Punkt einer konvexen Fläche F, X sei ein zu X_0 benachbarter Flächenpunkt, $\varrho(X)$ und $d(X)$ seien die Abstände zwischen den Punkten X und X_0 auf der Fläche F und entsprechend im Raum. Wenn der Punkt X sich auf eine willkürliche Weise unbeschränkt dem Punkt X_0 nähert, d. h. wenn $\varrho(X) \to 0$, dann ist $\varrho(X)/d(X) \to 1$.

Es sei F eine konvexe Fläche, γ eine Geodätische auf ihr, g eine Halbgerade, welche mit den äußeren Normalen bezüglich der Stützebenen der Fläche F längs der Geodätischen γ Winkel kleiner als $\frac{\pi}{2}$ bildet; Z sei der Zylinder, der die Kurve γ in Richtung g projiziert. Wenn der Zylinder Z auf eine Ebene abgewickelt wird, dann wird die Kurve γ in eine konvexe Kurve überführt, deren konvexe Seite der Richtung g zugewandt ist.

Dieser Satz stammt von I. M. LIEBERMANN [2]. Er hat wichtige und zahlreiche Folgerungen. Wir verweisen nur auf jene von ihnen, welche im weiteren benutzt werden.

1. Es sei γ eine Geodätische auf einer konvexen Fläche F, $r(s)$ sei der Radiusvektor eines Punktes dieser Geodätischen, mit dem entsprechenden Bogen s. Dann existiert für alle s eine rechte Ableitung $r^+(s)$ der Vektorfunktion $r(s)$ nach dem Bogen s, wenn unter der rechten Ableitung verstanden wird:
$$\lim_{h \to +0} \frac{r(s+h) - r(s)}{h}.$$
Diese Ableitung ist rechts stetig und $|r^+(s)| = 1$.

2. Für alle s, wobei nicht mehr als eine abzählbare Menge ausgenommen ist, existiert eine Ableitung $r'(s)$ der Vektorfunktion $r(s)$ nach s. Diese Ableitung ist überall stetig, wo sie existiert.

3. Die Vektorfunktion $r^+(s)$ ist eine Funktion beschränkter Variation.

4. Es sei $F_1, F_2, \ldots, F_n \ldots$ eine unendliche Folge konvexer Flächen, die nach einer konvexen Fläche F konvergiert; X_n sei ein Punkt auf der Fläche F_n; γ_n sei eine Kürzeste auf F_n, die aus dem Punkte X_n austritt; t_n sei Halbtangente der Kürzesten γ_n im Punkte X_n. Für $n \to \infty$ möge die Folge von Punkten X_n gegen den Punkt X auf F konvergieren. Die Folge der Kürzesten γ_n möge gegen die Kürzeste γ auf F konvergieren. Die Folge der Halbtangenten t_n konvergiere gegen die Halbgerade t, die aus dem Punkte X austritt. Schließlich sei t_0 eine beliebige Halbgerade, die aus dem Punkte X ins Innere des Körpers eintritt, auf dessen Rand die Fläche F gelegen ist. Dann gilt: 1. Die Halbgerade t bildet mit der Halbgeraden t_0 einen Winkel, der nicht kleiner ist als der Winkel zwischen der Halbtangente der Kürzesten γ im Punkte X und jener Halbgeraden t_0 selbst. 2. Die Halbgerade t liegt in einer der Stützebenen der Fläche F im Punkte X.

   Hieraus erhält man andererseits wichtige Schlußfolgerungen:

5. Wenn die Halbgerade t die Fläche F berührt, d. h. zusammenfällt mit einer der Erzeugenden des Tangentenkegels an die Fläche F im Punkte X, so ist sie eine Halbtangente der Kurve γ in diesem Punkte.

6. Wenn der Punkt X ein glatter Punkt der Fläche F ist, so berührt die Halbgerade t offensichtlich die Fläche F im Punkte X und ist infolgedessen eine Halbtangente an γ in diesem Punkt.

Schließlich führen wir noch einen Satz für Kürzeste an, dessen Beweis auch auf dem Satz von LIEBERMANN beruht.

Es sei γ eine Kürzeste auf einer konvexen Fläche F. Die Winkel zwischen den äußeren Normalen bezüglich der Stützebenen der Fläche F in Punkten der Kürzesten γ mögen $\vartheta < \frac{\pi}{3}$ nicht übertreffen. Dann bilden die rechten (linken)

Halbtangenten der Kürzesten in zwei beliebigen Punkten einen Winkel, der 3ϑ nicht überschreitet, und folglich sind, wenn ϑ klein ist, die Winkel, welche durch die rechten (linken) Halbtangenten gebildet werden, auch klein.

Hiermit beenden wir die Aufzählung der grundlegenden Resultate über Kürzeste, welche wir im Verlaufe der weiteren Untersuchungen benötigen.

KAPITEL II

KURVEN BESCHRÄNKTER SCHWENKUNGSVARIATION

§ 1. Kurven beschränkter Schwenkungsvariation im Raum[1])

Eine genügend breite Klasse von in bestimmtem Sinne „guten" Kurven auf einer allgemeinen konvexen Fläche stellen die Kurven mit beschränkter Schwenkungsvariation dar. Im weiteren steht uns bevor, Kurven solcher Art an einer der zentralen Beweisstellen des Hauptsatzes über die eindeutige Bestimmung zu betrachten, und deshalb zwingt uns dies, uns mit der Untersuchung dieser Kurven zu beschäftigen.

Als Kurve werden wir ein stetiges und eindeutiges Bild einer Strecke im Raum betrachten. Wir führen den Begriff der Schwenkungsvariation einer Kurve ein.

Es sei γ eine Kurve im Raum. Wir beschreiben ihr ein Polygon c ein und bezeichnen durch $\omega(c)$ die Summe der Ergänzungen bis zu π von den Winkeln dieses Polygons. Die obere Grenze $\omega(\gamma)$ der Größen $\omega(c)$ für alle Polygone c, welche der Kurve γ einbeschrieben sind, heißt die *Schwenkungsvariation* der Kurve γ. Wenn $\omega(\gamma)$ endlich ist, so heißt γ eine Kurve mit beschränkter Schwenkungsvariation.

Wir betrachten gewisse Eigenschaften von Kurven mit beschränkter Schwenkungsvariation. Zuerst erwähnen wir das folgende Lemma:

L e m m a 1. *Es sei c ein Polygon im Raum. Wenn ein Glied a dieses Polygons durch zwei Glieder ersetzt wird, so verkleinert sich die Schwenkung des Polygons ω nicht; sie wird dabei sicher vergrößert, wenn die Glieder des Polygons c, welche an a angrenzen, nicht in einer Ebene liegen.*

Dieses Lemma ist eine einfache Folgerung jener Tatsache, daß in einem Dreikant die Summe zweier Ebenenwinkel nicht kleiner als der dritte ist und ihm nur dann gleich ist, wenn er entartet.

S a t z 1. *Eine Kurve beschränkter Schwenkungsvariation hat in jedem Punkte eine rechte und linke Halbtangente.*

---

[1]) Die allgemeine Theorie der Kurven, die nicht irgendwelchen Regularitätsbedingungen unterworfen sind, wurde von A. D. ALEXANDROW entwickelt. Eine gründliche Untersuchung der Kurven beschränkter Schwenkungsvariation stammt von W. A. SALGALLER. Das meiste der im nachfolgenden angeführten Resultate ist in seiner Kandidaten-Dissertation enthalten (Veröffentlichungen d. Leningrader Staatl. Universität, 1951).

B e w e i s: Wir nehmen an, die Behauptung sei nicht richtig und die Kurve γ von beschränkter Schwenkungsvariation im Punkte O habe keine rechte Halbtangente. Dann existieren zwei Punktfolgen auf der Kurve, welche gegen den Punkt O rechts in zwei verschiedenen Richtungen t_1 und t_2 konvergieren. Wir beschreiben um jede der Halbgeraden t_1 und t_2 Kegel mit den Spitzen in O, so daß diese Kegel keine anderen gemeinsamen Punkte besitzen außer der Spitze O. Wir beschreiben jetzt der Kurve γ ein Polygon c mit einer hinreichend großen Zahl von Gliedern ein, so daß alle seine Ecken den konstruierten Kegeln angehören, wobei zwei beliebige benachbarte Ecken zu verschiedenen Kegeln gehören. Offensichtlich kann die Schwenkung des Polygons c beliebig groß werden, wenn nur die Zahl seiner Glieder hinreichend groß ist. Aber dies ist unmöglich, weil gemäß Voraussetzung die Kurve γ von beschränkter Schwenkungsvariation ist.

S a t z 2. *Der Punkt P möge die Kurve γ von beschränkter Schwenkungsvariation in zwei Kurven γ' und γ'' zerteilen. Es sei $\vartheta(P)$ der Winkel zwischen der rechten und der linken Halbtangente im Punkte P. Dann ist $\omega(\gamma) = \omega(\gamma') + \omega(\gamma'') + (\pi - \vartheta(P))$.*

B e w e i s: Es seien c_n', c_n'' und c_n Folgen von in die Kurven γ', γ'' und γ einbeschriebenen Polygonen, welche die Bedingungen $\omega(c_n') \to \omega(\gamma')$, $\omega(c_n'') \to \omega(\gamma'')$, $\omega(c_n) \to \omega(\gamma)$ befriedigen. Offensichtlich kann man ohne Einschränkung der Allgemeinheit voraussetzen, daß die Glieder der Polygone nach Null streben. Wir ergänzen die Ecken jedes der Polygone c_n', c_n'' und c_n durch die Ecken der zwei anderen Polygone. Dann erhalten wir die Polygone $\bar{c}_n'$, $\bar{c}_n''$ und $\bar{c}_n$. Sie besitzen die Eigenschaften der Polygone c_n', c_n'', c_n, d. h. bei $n \to \infty$ gilt $\omega(\bar{c}_n') \to \omega(\gamma')$, $\omega(\bar{c}_n'') \to \omega(\gamma'')$, $\omega(\bar{c}_n) \to \omega(\gamma)$. Weil $\omega(\bar{c}_n) = \omega(\bar{c}_n') + \omega(\bar{c}_n'') + (\pi - \vartheta_n(P))$ ($\vartheta_n(P)$ ist der Winkel zwischen den konvergierenden Gliedern des Polygons $\bar{c}_n$ im Punkte P) und $\vartheta_n(P) \to \vartheta(P)$, gilt tatsächlich

$$\omega(\gamma) = \omega(\gamma') + \omega(\gamma'') + (\pi - \vartheta(P)).$$

S a t z 3. *Auf einer Kurve beschränkter Schwenkungsvariation können nicht mehr als eine abzählbare Menge von Winkelpunkten existieren, das sind solche Punkte, in denen die rechten und die linken Halbtangenten Winkel verschieden von π bilden.*

Dieser Satz ergibt sich unmittelbar aus Satz 2.

S a t z 4. *P sei ein Punkt auf einer Kurve γ von beschränkter Schwenkungsvariation. Dann kann man rechts (entsprechend links) vom Punkte P auf der Kurve γ einen Punkt $Q \neq P$ so angeben, daß die Schwenkungsvariation des Bogens PQ der Kurve γ beliebig klein wird.*

B e w e i s: Es sei γ' der Teil der Kurve γ, rechts vom Punkte P gelegen. Wir schreiben der Kurve γ' ein Polygon c so ein, daß $\omega(\gamma') - \omega(c) < \varepsilon$. Es sei A die erste Ecke des Polygons c, wenn man sich vom Punkte P aus bewegt. Wir nehmen zwischen den Punkten P und A der Kurve γ' noch eine Ecke des Polygons, den Punkt Q in beliebiger Nähe von P, so daß der Winkel zwischen den Gliedern, welche zur Ecke A gehören, dabei zu einer Größe abgeändert wird, die ε nicht überschreitet. Offensichtlich ist die Variation des Bogens PQ der Kurve γ nicht größer als 2ε.

Der Satz ist bewiesen.

S a t z 5. *Eine Kurve von beschränkter Schwenkungsvariation kann in eine endliche Zahl von Stücken mit einer beliebig kleinen Schwenkungsvariation zerteilt werden.*

Offensichtlich ergibt sich dies aus Satz 4.

S a t z 6. *Eine Kurve beschränkter Schwenkungsvariation ist rektifizierbar.*

B e w e i s: Gemäß Satz 5 genügt es, die Rektifizierbarkeit einer Kurve mit einer Schwenkungsvariation $< \varepsilon$ zu beweisen. In eine solche Kurve beschreiben wir ein Polygon c ein. Die Glieder dieses Polygons bilden mit dem Anfangsglied Winkel $< \varepsilon$. Daher sind die Längen der Polygone c durch eine gewisse Zahl l beschränkt, welche nur von ε und dem Abstand zwischen den Kurvenenden abhängt. Daraus folgt die Rektifizierbarkeit der Kurve.

S a t z 7. *Es sei P ein Punkt der Kurve γ mit beschränkter Schwenkungsvariation; Q sei ein zu P benachbarter Punkt der Kurve γ, s_{PQ} sei die Länge des Bogens der Strecke PQ auf der Kurve γ. d_{PQ} ist der Abstand zwischen den Punkten P und Q. Dann strebt das Verhältnis s_{PQ}/d_{PQ} gegen 1, wenn $Q \to P$.*

B e w e i s: Es ist $\omega(P, Q) \to 0$ bei $Q \to P$ für die Schwenkungsvariation des Bogens PQ einer Kurve γ. Weil jedes Glied des Polygons c, welches in den Bogen PQ der Kurve γ einbeschrieben ist, mit dem Anfangsglied einen Winkel bildet, der nicht größer als $\omega(P, Q)$ ist, ist die Länge jedes Polygons c und folglich auch des Bogens PQ der Kurve γ nicht größer als $d_{PQ}/\cos \omega(P, Q)$. Hieraus folgern wir, indem wir berücksichtigen $s_{PQ}/d_{PQ} > 1$, daß $s_{PQ}/d_{PQ} \to 1$, wenn $Q \to P$.

S a t z 8. *Es sei γ eine Kurve von beschränkter Schwenkungsvariaton, $r(s)$ ein Punkt der Kurve, der dem Bogen s entspricht. Dann hat die Vektorfunktion $r(s)$ für jedes s eine rechte und eine linke Ableitung, deren Absolutbetrag gleich* 1 *ist.*

Die Behauptung ist auf Grund der Sätze 1 und 7 offensichtlich.

§ 2. Eine andere Definition der Schwenkungsvariation einer Kurve

Man kann den Begriff der Schwenkungsvariation für Kurven, welche in jedem Punkt eine rechte (oder eine linke) Halbtangente besitzen, auf andere Weise einführen. Es sei γ eine Kurve, welche in jedem Punkte eine rechte Halbtangente besitzt. Auf ihr nehmen wir eine endliche Anzahl von Punkten und konstruieren in jedem derselben die rechte Halbtangente t_k. Die obere Grenze der Summe aller Winkel zwischen den aufeinander folgenden Halbtangenten an alle endlichen Systeme von Punkten P_k werden wir *Schwenkungsvariation* der Kurve γ nennen. Daß jedoch diese Definition der im vorigen Paragraphen angegebenen äquivalent ist, ist vorläufig nicht offensichtlich. In den nachfolgenden Sätzen werden wir die Beschränktheit der Schwenkungsvariation im Sinne dieser Definition verstehen.

S a t z 1. *Es sei γ eine Kurve beschränkter Schwenkungsvariation. P sei ein Punkt auf ihr und Q ein Punkt der Kurve γ nahe P. Wenn $Q \to P$ und dabei rechts von P verbleibt, dann konvergiert die rechte Halbtangente in Q gegen die rechte Halb-*

tangente in P, und wenn $Q \to P$ und dabei links von P verbleibt, dann konvergiert die Halbtangente im Punkte Q gegen eine gewisse Halbgerade, welche möglicherweise nicht mit der rechten Halbtangente in P zusammenfällt.

B e w e i s: Daß die Halbtangente im Punkte Q gegen eine bestimmte Grenze strebt, wenn dieser Punkt sich unbeschränkt dem Punkt P nähert, indem er rechts von ihm (oder entsprechend links) verbleibt, ergibt sich unmittelabr aus der Forderung der Beschränktheit der Schwenkung der Kurve γ. Wir zeigen, daß die Halbtangente im Punkte Q gegen die Halbtangente in P strebt, wenn $Q \to P$ und dabei rechts von P verbleibt. Wir nehmen an, die Behauptung sei nicht richtig. Wir bezeichnen mit t_1 die rechte Halbtangente im Punkte P und mit t_2 die Grenze der Halbtangente in Q, wenn rechts $Q \to P$. Es sei P' ein Punkt in der Nähe von P. Wir legen durch die Punkte P und P' eine Ebene α senkrecht zu der durch die Halbgeraden t_1 und t_2 bestimmten Ebene und drehen jetzt diese Ebene um einen kleinen Winkel um die Mitte der Strecke PP' in die Lage α' derart, daß der Punkt P' auf der einen Seite der Ebene α' liegt und der Punkt P sowie die Halbgerade t_2 auf der anderen Seite. Es sei P'' der erste Punkt des Bogens PP' auf der Kurve γ — wenn man sich von P' nach P bewegt —, der in der Ebene α' liegt. Die rechte Halbtangente der Kurve γ im Punkte P'' ist entweder in den Halbraum gerichtet, der durch die Ebene α' bestimmt wird, wo der Punkt P' liegt, oder sie liegt in der Ebene α'. Hieraus ist ersichtlich, daß man einen Punkt P'' beliebig nahe bei dem Punkt P angeben kann, in welchem die rechte Halbtangente der Kurve γ mit der Halbgeraden t_2 einen Winkel $> \vartheta - \varepsilon$ bilden wird, wobei ϑ der Winkel zwischen den Halbgeraden t_1 und t_2 ist; ε ist eine beliebige positive Zahl. Wir sind zu einem Widerspruch gelangt.

Der Satz ist vollständig bewiesen.

S a t z 2. *Es sei γ eine Kurve beschränkter Schwenkungsvariaton, P ein Punkt dieser Kurve. A und B seien Punkte der Kurve γ, welche rechts von P gelegen sind, und zwar so, daß A sich zwischen P und B befindet. Dann konvergiert für A und $B \to P$ die Richtung der Strecke AB gegen die Richtung der rechten Halbtangente t an γ im Punkte P.*

B e w e i s: Wir nehmen an, die Behauptung sei nicht richtig. Ohne Beschränkung der Allgemeinheit kann man sagen, daß eine Folge von Punktepaaren A_n, B_n so existiert, daß die Richtung der Strecke $A_n B_n$ gegen eine gewisse Richtung t' verschieden von t konvergiert. Wir konstruieren eine Ebene α parallel zu t', senkrecht zu der durch die Richtungen t und t' gebildeten Ebene. Wir verschieben diese Ebene parallel so, daß sie durch die Mitte der Strecke $A_n B_n$ hindurchgeht, und durch Drehung um einen kleinen Winkel führen wir sie in die Lage α' über, für welche die Punkte A_n und B_n auf verschiedenen Seiten der Ebene α' gelegen sind, wobei der Punkt A_n sich auf jener Seite dieser Ebene befindet, wohin die Halbgerade t gerichtet ist. Jetzt werden wir uns längs γ vom Punkte B_n nach P bewegen, und den ersten Treffpunkt mit der Ebene α' bezeichnen wir C_n. Wenn der Winkel zwischen den Ebenen α und α' im Vergleich mit dem Winkel zwischen den Richtungen t und t' klein ist, dann konvergiert die rechte Halbtangente im Punkte C_n nicht gegen t — die rechte Halbtangente im Punkte P. Wir sind zu einem Widerspruch gelangt.

Der Satz ist bewiesen.

Anmerkung zu Satz 2: Es ist offensichtlich, daß man durch eine analoge Überlegung zeigen kann, daß, *wenn die Punkte A und B links von P gelegen sind, und zwar so, daß B sich zwischen A und B befindet, dann für A und $B \to P$ die Richtung der Strecke AB gegen jene Richtung konvergiert, gegen welche die rechte Halbtangente im Punkte Q konvergiert, der seinerseits von links gegen den Punkt P konvergiert.*

Satz 3. *Eine Kurve beschränkter Schwenkungsvariation ist rektifizierbar.*

Beweis: Aus Satz 2 und der Anmerkung dazu folgt leicht, daß jeder Punkt einer Kurve beschränkter Schwenkungsvariation eine rektifizierbare Umgebung besitzt. Hieraus folgt, daß die ganze Kurve rektifizierbar ist.

Satz 4. *Es sei γ eine Kurve beschränkter Schwenkungsvariation, $r(s)$ der Radiusvektor eines Punktes dieser Kurve, bezogen auf den Bogen s. Dann existieren in jedem Punkte rechte und linke Ableitungen der Vektorfunktion $r(s)$ nach dem Bogen s, die ihrem Absolutbetrag nach gleich 1 sind. Fast für alle s, ausgenommen nicht mehr als eine abzählbare Menge von s-Werten, fallen die rechten und linken Ableitungen zusammen.*

Dieser Satz folgt aus Satz 2 und der Anmerkung dazu.

Satz 5. *Die erste und zweite Definition der Schwenkungsvariation einer Kurve sind äquivalent.*

Beweis: Es sei γ eine Kurve beschränkter Schwenkungsvariation im Sinne der ersten Definition. Gemäß Satz 1 des vorhergehenden Paragraphen hat sie in jedem Punkte eine rechte und linke Halbtangente. Wir nehmen auf der Kurve γ ein endliches System von Punkten $P_1, P_2, \ldots, P_n$ und legen durch jeden Punkt P_k die rechte Halbtangente t_k. Wir nehmen weiter rechts von jedem Punkte P_k in seiner Nähe einen Punkt Q_k und beschreiben der Kurve γ ein Polygon c mit den Ecken $P_1, Q_1, P_2, Q_2, \ldots, P_n, Q_n$ ein. Die Schwenkung dieses Polygons $\omega(c)$ ist nicht größer als $\omega(\gamma)$. Wenn sich die Punkte Q_k den entsprechenden Punkten P_k unbeschränkt nähern, dann konvergieren die Richtungen der Glieder $P_k Q_k$ gegen die Richtungen der Halbtangenten t_k. Hieraus schließen wir, daß die Summe der Winkel zwischen aufeinander folgenden Halbtangenten t_k die Schwenkung $\omega(\gamma)$ nicht übertrifft. Folglich wird die Kurve γ von beschränkter Schwenkungsvariation im Sinne der zweiten Definition sein, wobei die Ungleichung $\omega'(\gamma) \leqslant \omega(\gamma)$ gilt.

Jetzt sei γ eine Kurve beschränkter Schwenkungsvariation im Sinne der zweiten Definition. Wir zeigen, daß sie von beschränkter Schwenkungsvariation im Sinne der ersten Definition sein wird, wobei die Ungleichung $\omega(\gamma) \leqslant \omega'(\gamma)$ erfüllt wird. In die Kurve γ beschreiben wir ein willkürliches Polygon c ein. Wir ergänzen die Ecken dieses Polygons durch die Punkte, in welchen die rechte und die linke Halbtangente einen Winkel $> \varepsilon$ bilden (ε ist eine kleine positive

Zahl). Wir ergänzen jetzt das Polygon c durch neue Ecken so, daß die rechten Halbtangenten der Kurve γ in den Punkten, welche zwischen benachbarten Ecken des Polygons liegen, Winkel $<\varepsilon_1$ bilden ($\varepsilon_1 <<< \varepsilon$). Wir schätzen jetzt die Schwenkung des erhaltenen Polygons ab; wir bezeichnen es mit c'.

Es sei $\tau_i(s)$ der Einheitsvektor der rechten Halbtangente an die Kurve γ auf einem Abschnitt, der dem i-ten Glied des Polygons entspricht. d_i sei die Länge dieses Gliedes. Dann ist die Schwenkung des Polygons c' gleich

$$\omega(c') = \sum_i \operatorname{arc}\left\{\frac{\int \tau_i\, ds}{d_i}, \frac{\int \tau_{i+1}\, ds}{d_{i+1}}\right\}.$$

Die rechtsstehende Summe kann man bequem in zwei Summen $\sum'$ und $\sum''$ zerteilen, indem man in der ersten die Summanden vereinigt, die den Ecken des Polygons entsprechen, in welchen die rechte und die linke Halbtangente Winkel $>\varepsilon$ bilden, und in $\sum''$ die übrigen Summanden. Wir bemerken bezüglich jedes Summanden der zweiten Summe, daß

$$\operatorname{arc}\left\{\frac{\int \tau_i\, ds}{d_i}, \frac{\int \tau_{i+1}\, ds}{d_{i+1}}\right\} \leqslant (1+\eta_1)\left|\frac{\int \tau_i\, ds}{d_i} - \frac{\int \tau_{i+1}\, ds}{d_{i+1}}\right|$$
$$\leqslant (1+\eta_2)\left|\frac{\int \tau_i\, ds}{s_i} - \frac{\int \tau_{i+1}\, ds}{s_{i+1}}\right|,$$

wobei η_1, η_2 beliebig kleine positive Zahlen sind, wenn ε_1 genügend klein ist. Wir parametrisieren jetzt jedes Stück der Kurve γ, indem wir dem Punkte X den Wert ϑ zuordnen, der gleich dem Verhältnis des Abstandes des Punktes X vom Anfangspunkt des Stückes zur Länge des ganzen Stückes ist. Dann werden wir für die Summanden der Summe $\sum''$ erhalten:

$$\left|\frac{\int \tau_i\, ds}{s_i} - \frac{\int \tau_{i+1}\, ds}{s_{i+1}}\right| = \left|\int_0^1 \tau_i\, d\vartheta - \int_0^1 \tau_{i+1}\, d\vartheta\right| =$$
$$= \left|\int_0^1 (\tau_i - \tau_{i+1})\, d\vartheta\right| \leqslant (1+\eta_3)\int_0^1 \operatorname{arc}(\tau_i, \tau_{i+1})\, d\vartheta,$$

wobei η_2 wie vorher klein ist zusammen mit ε_1.

Für die Summanden der Summe $\sum'$ haben wir auch

$$\operatorname{arc}\left\{\frac{\int \tau_i\, ds}{d_i}, \frac{\int \tau_{i+1}\, ds}{d_{i+1}}\right\} \leqslant (1+\eta_3')\int_0^1 \operatorname{arc}(\tau_i, \tau_{i+1})\, d\vartheta.$$

Indem wir die Aufmerksamkeit auf die oben erhaltenen Abschätzungen für die Summen $\sum''$ und $\sum'$ lenken, schließen wir, daß

$$\omega(c') \leqslant (1+\eta)\int_0^1 \sum_i \operatorname{arc}(\tau_i, \tau_{i+1})\, d\vartheta,$$

wobei η beliebig klein ist, wenn ε_1 hinreichend klein ist. Hieraus ergibt sich

$$\omega(c') \leqslant \omega'(\gamma)$$

und folglich $\omega(\gamma) \leqslant \omega'(\gamma)$. Weil außerdem bewiesen wurde, daß $\omega'(\gamma) \leqslant \omega(\gamma)$, deshalb ist $\omega(\gamma) = \omega'(\gamma)$, was zu beweisen war.

Satz 6. *Es sei $\gamma_1, \gamma_2, \ldots, \gamma_n \ldots$ eine unendliche Folge von Kurven beschränkter Schwenkungsvariation, wobei die Schwenkungsvariation jeder Kurve V nicht übertrifft. Wenn die Folge der Kurven γ_n gegen eine Kurve γ konvergiert, dann ist diese Kurve von beschränkter Schwenkungsvariation, und ihre Schwenkungsvariation übertrifft V nicht.*

Wir beschreiben in der Kurve γ ein Polygon c. In der Kurve γ_n kann man, wenn n genügend groß ist, ein Polygon c_n nahe c einbeschreiben, so daß $|\omega(c) - \omega(c_n)|$ kleiner als ε wird; und weil die Schwenkungsvariationen der Kurven γ_n durch die Zahl V beschränkt sind, deshalb ist die Kurve γ von beschränkter Schwenkungsvariation, wobei ihre Schwenkungs*variation* V nicht übertrifft.

Satz 7. *Wenn der Diameter einer Kurve γ nicht größer ist als d und die Variation nicht größer als V, dann übertrifft ihre Länge nicht $2\left(\left[\frac{3V}{\pi}\right]+1\right)d$, wobei $\left[\frac{3V}{\pi}\right]$ die größte ganze Zahl $\leqslant \frac{3V}{\pi}$ bezeichnet.*

Beweis: Die Kurve γ kann in $\left[\frac{3V}{\pi}\right]+1$ Stücke γ_k zerlegt werden, von denen jedes eine Schwenkungsvariation nicht größer als $\frac{\pi}{3}$ besitzt. Wir beschreiben der Kurve γ_k ein willkürliches Polygon ein. Die Glieder dieses Polygons bilden mit der Richtung des Anfangsgliedes Winkel, die nicht größer als $\frac{\pi}{3}$ sind. Hieraus folgt, daß die Länge des Polygons c und folglich auch der Kurve γ_k nicht $d/\cos\frac{\pi}{3}$ übertrifft. Weil die Zahl der Kurven γ_k gleich $\left[\frac{3V}{\pi}\right]+1$, deshalb übertrifft die Länge des ganzen Polygons γ nicht $2\left(\left[\frac{3V}{\pi}\right]+1\right)$, was zu beweisen war.

§ 3. *Kurven beschränkter Schwenkungsvariation auf einer konvexen Fläche*

In diesem Paragraphen betrachten wir gewisse Eigenschaften von Kurven beschränkter Schwenkungsvariation auf konvexen Flächen, insbesondere erwähnen wir einen gewissen Zusammenhang zwischen den Variationen der Schwenkung einer Kurve im Sinne der Definitionen der Paragraphen 1 und 2 im gegenwärtigen Kapitel und den Variationen der Schwenkung einer Kurve auf einer Fläche.

Wir erinnern an den Begriff der Schwenkung einer Kurve auf einer konvexen Fläche. Es möge γ eine Kurve auf einer konvexen Fläche F sein, die in den Endpunkten Halbtangenten besitzt. Auf ihr geben wir eine gewisse Bewegungsrichtung an. Wir verbinden die Enden der Kurve γ durch ein geodätisches Polygon so, daß dieses zusammen mit der Kurve einen dem Kreis homöomorphen Bereich G begrenzt, und für die auf der Kurve γ vorgegebene Bewegungsrichtung dieser Bereich rechts verbleibt. Es seien α_i die Winkel zwischen den Gliedern des Polygons auf der Seite des Bereichs G; α und β seien die Winkel, welche das Anfangs- und Endglied des Polygons c mit der Kurve γ bilden. (Wir erinnern daran, daß die Geodätischen auf einer konvexen Fläche, welche aus einem gemeinsamen Punkt austreten, in diesem Punkte immer einen bestimmten Winkel im Sinne der inneren Definition bilden. Überhaupt ist für die Existenz des Winkels zwischen Kurven notwendig und hinreichend die Existenz von Halbtangenten an die Kurven.) Wir bilden die Summe

$$\alpha + \beta + \sum_i (\pi - \alpha_i).$$

Es stellt sich heraus für den Fall, daß das Polygon gegen die Kurve γ konvergiert, daß dann die Summe gegen einen bestimmten Grenzwert strebt, welcher auch die *rechte Schwenkung* der Kurve γ genannt wird. Die linke Schwenkung der Kurve wird analog definiert. Es sei γ eine Kurve auf einer konvexen Fläche, P ein Punkt auf ihr. γ_1 und γ_2 sind die Stücke der Kurve γ, in welche sie der Punkt P zerteilt; in den Enden der Kurve γ wie auch im Punkte P mögen Halbtangenten an die Kurve γ existieren. Dann ist

$$\varphi(\gamma) = \varphi(\gamma_1) + \varphi(\gamma_2) + (\pi - \vartheta(P)),$$

wobei $\varphi(\gamma_1)$, $\varphi(\gamma)$, $\varphi(\gamma_2)$ die rechten Schwenkungen der Kurven γ, γ_1 und γ_2 respektive sind. $\vartheta(P)$ ist der Winkel des rechten Sektors, der durch die Kurven γ_1 und γ_2 im Punkte P gebildet wird (das ist der Winkel zwischen den Halbtangenten im Punkte P auf der Oberfläche des Berührungskegels an die Fläche in diesem Punkte).

Die Summe der rechten und linken Schwenkung der Kurve ist gleich der Oberfläche des sphärischen Bildes der Kurve mit ausgeschlossenen Enden.

Die Kurve γ auf einer konvexen Fläche möge eine bestimmte Schwenkung auf jedem Teilstück besitzen. Wir zerlegen sie durch die Punkte $P_1, P_2, \ldots, P_k$ in die Stücke $\gamma_1, \gamma_2, \ldots, \gamma_{k+1}$ und bilden die Summe

$$\sum_i |\varphi(\gamma_i)| + \sum_j |\pi - \vartheta(P_j)|,$$

wobei $\varphi(\gamma_i)$ die rechte Schwenkung der Kurve γ_i und $\vartheta(P_i)$ der Winkel des rechten Sektors im Punkte P_i ist. Die genaue obere Grenze dieser Summen für alle Zerlegungen der Kurve γ wird die *Variation der rechten Schwenkung der Kurve* γ auf der Fläche genannt. Es stellt sich heraus, wenn die Variation der rechten Schwenkung der Kurve γ beschränkt ist, daß dann die Variation der linken Schwenkung auch beschränkt ist.

Wir vereinbaren im weiteren für jene Fälle, wo dies Mißverständnisse hervorrufen kann, die Variation der Schwenkung einer Kurve im Sinne der Definitionen der Paragraphen 1 und 2 Variation der Schwenkung der Kurve im Raum zu nennen — im Unterschied von der soeben erst eingeführten Schwenkung der Kurve auf der Fläche.

Satz 1. *F sei eine konvexe Fläche, die über der xy-Ebene gelegen ist, und die Stützebenen dieser Flächen bilden mit der xy-Ebene Winkel* $0 \leqslant \alpha < \frac{\pi}{2}$. *Es möge* γ *eine Kurve auf F sein, welche auf die xy-Ebene in die Kurve* $\bar{\gamma}$ *von beschränkter Schwenkungsvariation projiziert wird (für eine ebene Kurve wird die Schwenkungsvariation ein und dieselbe im Sinne jeder der oben angegebenen Definitionen sein). Dann ist die Kurve* γ *von beschränkter Variation ihrer Schwenkung im Raum.*

Beweis: Wir beschreiben der Kurve $\bar{\gamma}$ ein Polygon mit kleinen Gliedern ein. Wir verschieben unbedeutend die Ecken dieses Polygons so, daß in diese Ecken glatte Punkte der Fläche F projiziert werden und daß die Schwenkung des Polygons dabei um eine Größe verändert wird, die ε nicht überschreitet. Das so konstruierte Polygon bezeichnen wir mit c. Es sei γ_c die Kurve auf der Fläche, welche sich in das Polygon c projiziert. Z_c sei der Zylinder, der die Kurve γ_c auf die xy-Ebene projiziert. Wir wickeln den Zylinder Z_c auf die Ebene ab. Dabei geht die Kurve γ_c auf Z_c in die ebene Kurve $\tilde{\gamma}_c$ über, die aus Stücken konvexer Kurven $\tilde{\gamma}_1, \ldots, \tilde{\gamma}_t$ mit den Enden $P_1, \ldots, P_{n-1}$ gebildet wird, entsprechend den Ecken des Polygons c. Bei der Bewegung längs der Kurve $\tilde{\gamma}_c$ wird die rechte Halbtangente auf jedem Stück $\tilde{\gamma}_i$ in ein und derselben Richtung gedreht. Es sei $\tilde{\vartheta}_i$ die Änderung der Richtung der rechten Halbtangente im Punkte P_i und $\bar{\vartheta}_i$ die Änderung der Richtung des Gliedes des Polygons c, das durch die Ecke hindurchgeht, die dem Punkte P_i entspricht. Weil die Tangentenebenen der Fläche F mit der xy-Ebene Winkel $\leqslant \alpha < \frac{\pi}{2}$ bilden, kann man eine Konstante m derart angeben, daß $|\tilde{\vartheta}_i| \leqslant m\,|\bar{\vartheta}_i|$.

Hieraus ergibt sich $\sum|\tilde{\vartheta}_i| \leqslant m \sum|\bar{\vartheta}_i|$ oder, indem man die Schwenkungsvariation der Kurve $\bar{\gamma}$ einführt, $\sum|\tilde{\vartheta}_i| < m\,\omega(\bar{\gamma}) + \varepsilon$.

Weil bei der Bewegung längs der Kurve $\tilde{\gamma}_c$ die rechte Halbtangente auf jedem Abschnitt $\tilde{\gamma}_i$ in ein und derselben Richtung gedreht wird und die Summe der absoluten Schwenkungen der rechten Halbtangente in den Punkten P_i kleiner als $m\,\omega(\gamma) + \varepsilon$ ist, deshalb übertrifft die Schwenkungsvariation der Kurve $\tilde{\gamma}_c$ nicht $\pi + m\,\omega(\bar{\gamma}) + \varepsilon$.

Hieraus folgt, daß, wenn der die Kurve γ projizierende Zylinder auf eine Ebene abgewickelt wird, die Kurve γ dabei in eine ebene Kurve $\tilde{\gamma}$ übergeht, deren Schwenkungsvariation nicht größer ist als $\pi + m\,\omega(\bar{\gamma})$.

Wir nehmen auf der Kurve γ zwei Punkte Q_1 und Q_2. Es mögen t_1 und t_2 die rechten Halbtangenten in diesen Punkten sein. $\bar{t}_1$ und $\bar{t}_2$ seien die rechten Halbtangenten der Kurve $\bar{\gamma}$, $\tilde{t}_1$ und $\tilde{t}_2$ die rechten Halbtangenten der Kurve $\tilde{\gamma}$ in den Punkten, welche Q_1 und Q_2 entsprechen. Offensichtlich ist die Summe der Winkel zwischen $\bar{t}_1$ und $\bar{t}_2$, $\tilde{t}_1$ und $\tilde{t}_2$ nicht kleiner als der Winkel zwischen t_1 und t_2. Deshalb ist die Schwenkungsvariation im Raum für die Kurve γ nicht größer als die Summe der Schwenkungsvariationen der Kurven $\bar{\gamma}$ und $\tilde{\gamma}$, das heißt nicht größer als $\pi + (m+1)\,\omega(\bar{\gamma})$.

Satz 1 ist bewiesen.

Satz 2. *Wenn die Kurve γ auf der konvexen Fläche F eine rechte Schwenkung mit beschränkter Variation besitzt, so ist sie von beschränkter Variation der Schwenkung im Raum.*

Beweis: Zuerst bemerken wir, daß die Kurve γ in eine endliche Zahl von Stücken so zerlegt werden kann, daß das sphärische Bild einer ε-Umgebung jedes Stücks auf einem Segment der Einheitssphäre kleiner als die Halbsphäre gelegen ist. Deshalb genügt es, den Satz für jedes solche Stück zu beweisen. Ohne Beschränkung der Allgemeinheit kann man sagen, daß die Kurve γ selbst diese Eigenschaft besitzt, d. h. die sphärische Abbildung einer ε-Umgebung derselben ist auf einem Segment gelegen, das kleiner ist als die Halbsphäre.

Es sei g' eine Halbgerade, welche mit den äußeren Normalen an die Fläche F in den Punkten einer ε-Umgebung der Kurve γ Winkel $\leqslant \frac{\pi}{2} - \delta$ bildet, wobei $\delta > 0$ ist (wenn δ hinreichend klein ist, existieren unendlich viele Halbgeraden g').

Nach dem Satz von W. A. Salgaller [3] existiert eine Folge von geodätischen Polygonen c_n auf der Fläche, welche gleichmäßig gegen γ konvergiert mit Variationen der rechten Schwenkung, die gegen die Variation der rechten Schwenkung von γ konvergieren, und mit Längen, welche gegen die Länge der Kurve γ konvergieren. Man kann sagen, daß die Ecken dieser Polygone sich in glatten Punkten der Fläche F befinden.

Wir projizieren das geodätische Polygon c_n in Richtung g'. Wir wickeln den projizierenden Zylinder Z' auf die Ebene ab. Das Polygon c_n geht dabei in eine gewisse Kurve $\tilde{c}_n$ über. Nach dem Satz von Liebermann über die Konvexität von Geodätischen stellt jedes Glied der Kurve $\tilde{c}$ auf der Abwicklung des Zylinders eine konvexe Kurve dar, wobei alle diese Kurven nach einer Seite konvex sind, nämlich in der Richtung g' der Projektion. Wir schätzen die Variation der Schwenkung der Kurve $\tilde{c}_n$ ab. Es seien $\tilde{c}_n^{(1)}, \ldots, \tilde{c}_n^{(m)}$ die Stücke dieser Kurve entsprechend den Gliedern des geodätischen Polygons, und $\tilde{P}_1, \ldots, \tilde{P}_{m+1}$ seien die Punkte, welche seinen Ecken entsprechen. Die Variation der Schwenkung der Kurve $\tilde{c}_n$ auf der Fläche F ist gleich $\sum |\vartheta_i|$, wobei ϑ_i die Schwenkung der rechten Halbtangente der Kurve c_n ist beim Durchgang durch die Ecke P_i. Es sei $\tilde{\vartheta}_i$ die Schwenkung der rechten Halbtangente der Kurve $\tilde{c}_n$, beim Durchgang durch den Punkt $\tilde{P}_i$. Weil die äußeren Normalen der Tangentialebenen von F in den Ecken der Kurve c_n mit der Halbgeraden g' Winkel $< \frac{\pi}{2} - \delta$ bilden, existiert eine Konstante m, die nur von δ abhängig ist, so daß $|\tilde{\vartheta}_i| \leqslant m|\vartheta_i|$. Hieraus folgt, daß für genügend großes n $\sum |\tilde{\vartheta}_i| < m\,\omega_F(c_n) + \varepsilon'$ ist, wobei $\omega_F(c_n)$ die Variation der rechten Schwenkung des Polygons c_n auf der Fläche F ist und ε' gegen Null strebt, wenn $n \to \infty$.

Weil bei der Bewegung längs der Kurve $\bar{c}_n$ die rechte Halbtangente auf jedem Teilstück $\bar{c}_n^{(i)}$ in ein und derselben Richtung gedreht wird und die Summe der absoluten Schwenkungen der rechten Halbtangente in den Punkten $\tilde{P}_i$ kleiner als $m\,\omega_F(c_n) + \varepsilon'$ ist, so ist die Variation der Schwenkung der Kurve $\bar{c}_n$ kleiner als $\pi + m\,\omega_F(c_n) + \varepsilon'$.

Hieraus folgt, daß, wenn der die Kurve γ in Richtung g' projizierende Zylinder auf die Ebene abgewickelt wird, dann die Kurve γ dabei in eine Kurve $\tilde{\gamma}'$ übergeht, deren Schwenkungsvariation nicht größer ist als $\pi + m\,\omega_F(\gamma)$.

Wir konstruieren jetzt noch zwei Halbgeraden g'' und g''', welche die Eigenschaft der Halbgeraden g' besitzen, dabei so, daß sie nicht in einer Ebene mit der Halbgeraden g' liegen. Ähnlich $\tilde{\gamma}$ konstruieren wir die Kurven $\tilde{\gamma}''$ und $\tilde{\gamma}'''$. Es seien Q_1 und Q_2 zwei willkürliche Punkte auf der Kurve γ; t_1 und t_2 seien die rechten Halbtangenten in ihnen. t_1' und t_2', t_1'' und t_2'', t_1''' und t_2''' seien die rechten Halbtangenten in entsprechenden Punkten der Kurven $\tilde{\gamma}', \tilde{\gamma}'', \tilde{\gamma}'''$. Durch eine elementare Überlegung kann man zeigen, daß eine Konstante $\varkappa$ existiert, die nur von der Zahl δ und den Winkeln zwischen den Halbgeraden g', g'', g''' abhängt, so daß

$$\sphericalangle(t_1, t_2) \leqslant \varkappa\left(\sphericalangle(t_1', t_2') + \sphericalangle(t_1'', t_2'') + \sphericalangle(t_1''', t_2''')\right).$$

Daher folgt, daß die Variation der Schwenkung der Kurve im Raume

$$\omega(\gamma) \leqslant 3\varkappa\left(\pi + m\,\omega_F(\gamma)\right);$$

was zu beweisen war.

S a t z 3. *Es sei F eine konvexe Fläche, die über der xy-Ebene gelegen ist, wobei die Stützebenen der Fläche mit der xy-Ebene Winkel $\leqslant \frac{\pi}{2} - \delta\ (\delta \geqslant 0)$ bilden. Es sei γ eine Kurve auf der Fläche F, $\bar{\gamma}$ ihre Projektion auf die xy-Ebene. Wenn $\bar{\gamma}$ von beschränkter Schwenkungsvariation ist, dann hat γ eine rechte (linke) Schwenkung auf der Fläche F mit beschränkter Variation.*

B e w e i s: Wir konstruieren eine Folge konvexer Polyeder F_n, welche gegen F konvergieren, und eine Folge von Polygenen $\bar{c}_n$ in der xy-Ebene, welche von rechts gegen die Kurve $\bar{\gamma}$ konvergieren, und zwar so, daß dabei die Variationen der Schwenkung der Polygone $\bar{c}_n$ gegen die Variation der Schwenkung der Kurve $\bar{\gamma}$ konvergieren und keine Ecke des Polyeders F_n in eine Ecke des Polygons $\bar{c}_n$ projiziert wird. Es sei c_n die Kurve auf dem Polyeder F_n, welche in das Polygon $\bar{c}_n$ projiziert wird. Die Variation der rechten Schwenkung von c_n auf F_n ist offensichtlich nicht größer als die Variation der Schwenkung von c_n im Raume, und für letztere können wir eine Abschätzung in Abhängigkeit von der Variation der Schwenkung der Kurve $\bar{c}_n$ und vom größten Winkel erhalten, der durch die Stützebenen des Polyeders F_n mit der xy-Ebene gebildet wird.

Deshalb sind die Variationen der rechten Schwenkungen der Kurven c_n auf dem Polyeder F_n gleichmäßig beschränkt. Hieraus folgt, daß die Kurve γ auf der Fläche F eine rechte Schwenkung mit beschränkter Variation hat.

Der Satz ist bewiesen.

KAPITEL III
ISOMETRISCHE KONVEXE FLÄCHEN

§ 1. Gewisse Eigenschaften konvexer Flächen in der Umgebung willkürlicher Punkte auf derselben

Die Einfachheit der Untersuchung regulärer konvexer Flächen „im kleinen" erklärt sich durch die Möglichkeit, den Radiusvektor der Fläche in der Umgebung des willkürlich gewählten Ausgangspunktes passend zerlegen zu können. Für allgemeine konvexe Flächen erweist es sich als möglich, eine analoge Überlegung anzustellen. Diese stellt auch das grundlegende Resultat des gegenwärtigen Paragraphen dar.

Die Klasse der konvexen Flächen mit Rand überblicken wir mühsam. Dies erschwert nicht nur die Untersuchung der Flächen dieser Klasse „im großen", sondern auch die lokalen Betrachtungen. Der nachfolgende Satz gestattet die Betrachtung von Eigenschaften konvexer Flächen „im kleinen" auf die Betrachtung der in gewissem Sinne einfachsten Flächen, nämlich der konvexen Mützen[1]) zu übertragen.

S a t z 1: *Es sei F eine konvexe Fläche und X ein willkürlicher Punkt auf ihr. Dann existiert eine beliebig kleine konvexe Mütze ω, auf welcher eine genügend kleine Umgebung des Punktes X der Fläche F gelegen ist. Dabei kann man sagen, daß die Stützebenen der Mütze ω mit ihrer Basisebene Winkel bilden, die $\frac{\pi}{2} - \varepsilon$ nicht überschreiten. Dabei ist $\varepsilon > 0$.*

B e w e i s: Eine konvexe Fläche F ist ein Bereich auf einer gewissen vollen konvexen Fläche $\bar{F}$, die einen gewissen konvexen Körper $\bar{K}$ begrenzt. Es sei O ein innerer Punkt dieses Körpers. Wir nehmen auf der Halbgeraden g, die vom Punkte O durch den Punkt X geht, zwei Punkte nahe dem Punkte X: S außerhalb des Körpers $\bar{K}$ und B innerhalb $\bar{K}$. Wir konstruieren einen geraden Kreiskegel V mit der Spitze S und der Achse OX mit einem kleinen Öffnungswinkel an der Spitze. Der Kegel V im Schnitt mit dem Körper $\bar{K}$ ergibt einen konvexen Körper $\tilde{K}$ mit der Oberfläche $\tilde{F}$. Wenn der Öffnungswinkel des Kegels V genügend klein ist, dann schneidet die Ebene senkrecht OX, die durch den Punkt B geht, aus der Fläche $\tilde{F}$ die Mütze ω ab, deren Existenz in unserem Satz behauptet wird.

S a t z 2. *Es sei O ein Punkt auf einer konvexen Fläche F, X ein O benachbarter Flächenpunkt, $\gamma(X)$ eine diese verbindende Kürzeste, $t(X)$ die Halbtangente der Kürzesten $\gamma(X)$ im Punkte O. Auf der Halbtangenten $t(X)$ teilen wir das Stück $s(X)$ ab, das gleich der Länge der Kürzesten $\gamma(X)$ ist. Den so erhaltenen Punkt $P(X)$ verbinden wir mit X. Wir bezeichnen mit $n(X)$ den Einheitsvektor in Richtung*

[1]) Wir erinnern daran, daß eine konvexe Fläche mit einem ebenen Rand, die sich eineindeutig auf die Ebene des Randes projizieren läßt, als konvexe Mütze bezeichnet wird.

$\overline{P(X)X}$. *Dann gehört der Vektor* $n(X)$ *der konvexen Hülle*[1]) *des sphärischen Bildes der Kürzesten* $\gamma(X)$ *ohne Enden an.*

Beweis: Wegen Satz 1 kann man ohne Beschränkung der Allgemeinheit sagen, daß die Fläche F eine konvexe Mütze ist, deren Stützebenen mit ihrer Basisebene Winkel kleiner als $\frac{\pi}{2} - \varepsilon$ $(\varepsilon > 0)$ bilden.

Zuerst betrachten wir den Fall einer polyedrischen konvexen Mütze. Auf einem Polyeder ist eine Kürzeste $\gamma(X)$ entweder eine Strecke oder ein Polygon. Wenn $\gamma(X)$ eine Strecke ist, dann ist die Behauptung des Satzes trivial. Es sei $\gamma(X)$ ein Polygon. Weil es eine Kürzeste ist, verlaufen seine Glieder innerhalb der Seitenflächen der Mütze F, und die Ecken liegen auf den Kanten. Wir bezeichnen mit $\delta_1, \delta_2, \ldots, \delta_n$ die aufeinanderfolgenden Glieder des Polygons $\gamma(X)$ bei der Bewegung von X nach O. $k_1, k_2, \ldots, k_{n-1}$ seien die Kanten des Polyeders F, welche das Polygon schneiden. $\vartheta_1, \vartheta_2, \ldots, \vartheta_{n-1}$ seien die Winkel des Polyeders bei diesen Kanten. $\alpha_1, \alpha_2, \ldots, \alpha_n$ seien die Flächen des Polyeders, in welchen die Glieder $\delta_1, \delta_2, \ldots, \delta_n$ gelegen sind.

Wir unterziehen das Polygon $\gamma(X)$ der folgenden Transformation: Zuerst drehen wir das Glied δ_1 zusammen mit der Fläche α_1, in welcher es liegt, um den Winkel $\pi - \vartheta_1$, um die Kante k_1 herum. Dabei kommt das Glied δ_1 in die Verlängerung des Gliedes δ_2. Danach drehen wir die beiden Glieder δ_1 und δ_2 um die Kante k_2 herum um den Winkel $\pi - \vartheta_2$. Dann kommen die beiden Glieder δ_1 und δ_2 in die Verlängerung des Gliedes δ_3 usw. Nach der Schwenkung um die Kante k_{n-1} herum sind die Glieder des Polygons $\gamma(X)$ auf der Halbgeraden $t(X)$ gelegen und der Punkt X — das Ende des Polygons $\gamma(X)$ — fällt mit dem Punkt $P(X)$ zusammen.

Bei einer solchen Transformation des Polygons $\gamma(X)$ wird der Punkt X längs einer gewissen glatten Kurve c bewegt, die aus Kreisbögen zusammengesetzt ist. Die Halbtangenten an diesen Kurven haben die Richtungen der äußeren Normalen der Stützebenen des Polyeders F längs $\gamma(X)$. Hieraus folgt offenbar, daß die Richtung $\overline{P(X)X}$ in der konvexen Hülle des sphärischen Bildes der Kürzesten $\gamma(X)$ mit ausgeschlossenen Enden enthalten ist.

Wir betrachten jetzt den Fall einer allgemeinen konvexen Mütze F. Wir nehmen auf der Kürzesten $\gamma(X)$ zwei Punkte O' und X' in der Nähe der Punkte O bzw. X. Wir bezeichnen mit γ' den Abschnitt der Kürzesten $\gamma(X)$ zwischen den Punkten O' und X'. Bekanntlich ist γ' die einzige Kürzeste auf F, welche die Punkte O' und X' verbindet. Wir konstruieren einen Punkt $P(X')$, ausgehend von den Punkten O', X' und der Kürzesten γ', ähnlich wie der Punkt $P(X)$ konstruiert wurde.

Wir nehmen auf der Fläche F ein hinreichend dichtes Netz von Punkten S_n, welches die Punkte O' und X' enthält. Wir beschreiben dem Basisrand der Mütze F ein Vieleck R_n mit genügend kleinen Gliedern ein, so daß das Punkt-

[1]) Als konvexe Hülle einer Punktmenge M auf der Sphäre bezeichnet man den Durchschnitt aller konvexen Mengen auf der Sphäre, die M enthalten.

netz S_n sich ins Innere dieses Vielecks projiziert. Wir bezeichnen mit M_n die konvexe vieleckige Mütze, welche aus der konvexen Hülle der Punktmenge S_n und des Vielecks R_n nach Beseitigung des Bereichs, der vom Vieleck begrenzt ist, erhalten wird. Wir verbinden die Punkte O' und X' auf dem Vielflach M_n durch die Kürzeste γ_n und konstruieren einen Punkt $P_n(X')$, ähnlich wie bezüglich der Mütze F der Punkt $P(X')$ konstruiert wurde.

Bei dem Anwachsen von n möge die Dichte des Punktnetzes S_n unbeschränkt wachsen. Dann konvergiert das Vielflach M_n gegen die Mütze F, die Kürzeste γ_n' konvergiert gegen γ', die Länge von γ_n' konvergiert gegen die Länge von γ', die Halbtangente an γ_n' im Punkte O' konvergiert gegen die Halbtangente von γ'.

Hieraus folgt, daß der Punkt $P_n(X')$ für $n \to \infty$ gegen den Punkt $P(X')$ konvergiert und der Vektor $\overline{P_n(X')X'}$ gegen den Vektor $\overline{P(X')X'}$. Weil bei hinreichend großem n das sphärische Bild der Kurve γ_n' in eine beliebig kleine Umgebung des sphärischen Bildes der Kurve γ' gerät, schließen wir beim Grenzübergang für $n \to \infty$, daß der Einheitsvektor in Richtung $\overline{P_n(X')X'}$ der konvexen Hülle des sphärischen Bildes der Kürzesten γ' angehört.

Jetzt mögen die Punkte O' und X' unbegrenzt den Enden der Kürzesten $\gamma(X)$ sich nähern — respektive O und X. Weil dabei die Bogenlänge γ' gegen die Bogenlänge $\gamma(X)$ konvergiert und die Richtung der Halbtangente an γ' im Punkte O' gegen die Richtung der Halbtangente an $\gamma(X)$ im Punkte O konvergiert, so konvergiert die Richtung $\overline{P_n(X')X'}$ gegen die Richtung $\overline{P(X)X}$. Folglich gehört der Einheitsvektor in Richtung $\overline{P(X)X}$ der konvexen Hülle des sphärischen Bildes der Kürzesten $\gamma(X)$ mit Ausschluß der Enden an.

Der Satz ist bewiesen.

S a t z 3. *Unter Beibehaltung der Bezeichnungen des Satzes 2 möge außerdem $\tau(X)$ der berührende Einheitsvektor von $\gamma(X)$ im Punkte O sein und $\vartheta(X)$ der Winkel zwischen den Vektoren $\tau(X)$ und $n(X)$.*

Wenn dann der Punkt X auf eine willkürliche Art sich unbegrenzt dem Punkte O nähert, dann ist der Winkel $\vartheta(X) \to \frac{\pi}{2}$ und $\frac{|\overline{P(X)X}|}{S(X)} \to 0$.

B e w e i s: Wir nehmen an, die erste Behauptung sei falsch. Dann existiert eine Punktfolge X_k, welche so gegen O konvergiert, daß für jedes k der Winkel $\vartheta(X_k) < \frac{\pi}{2} - \varepsilon\ (\varepsilon > 0)$.

Wir unterziehen die Fläche F einer Ähnlichkeitstransformation mit dem Zentrum O und dem Ähnlichkeitskoeffizienten $\frac{1}{s(X_k)}$, wobei $s(X_k)$ der Abstand zwischen den Punkten O und X_k auf der Fläche ist. Dabei erhalten wir eine Fläche F_k mit der Kürzesten γ_k auf ihr. Ebenso wie für die Fläche F und die Kürzeste $\gamma(X)$ konstruieren wir für die Fläche F_k und die Kürzeste γ_k die

Vektoren τ_k und n_k. Diese Vektoren sind parallel $\tau(X_k)$ respektive $n(X_k)$ und bilden deshalb den Winkel $\vartheta(X_k) < \frac{\pi}{2} - \varepsilon$.

Die Folge von Flächen F_k konvergiert für $k \to \infty$ gegen den Tangentialkegel V der Fläche F im Punkte O. Man kann ohne Beschränkung der Allgemeinheit sagen, daß die Kürzesten γ_k dabei gegen eine Strecke von der Länge 1 auf einer der Erzeugenden des Kegels V konvergieren. Aus einem Satz von LIEBERMANN, der von uns im § 3, Kapitel I, angegeben wurde, folgt, daß die Halbtangenten an γ_k im Punkte O gegen die Richtung der oben erwähnten Erzeugenden des Kegels V konvergieren. Deshalb ist für genügend großes k das sphärische Bild der Kürzesten γ_k in einer beliebig kleinen Umgebung des sphärischen Bildes der Erzeugenden ohne ihren Anfangspunkt enthalten, und folglich unterscheidet sich $\vartheta(X_k)$ für genügend großes k beliebig wenig von $\frac{\pi}{2}$. Wir kamen zu einem Widerspruch.

Wir nehmen jetzt an, daß die zweite Behauptung des Satzes falsch ist. Dann existiert eine Punktfolge X_k, die gegen O so konvergiert, daß für jedes k

$$|\overline{P(X_k)\,X_k}|/s(X_k) > \varepsilon > 0.$$

Ebenso wie bei dem Beweis der ersten Behauptung konstruieren wir eine Folge konvexer Flächen F_k. Weil für $k \to \infty$ die Flächen F_k gegen den Tangentialkegel V der Fläche F im Punkte O konvergieren, die Kürzesten γ_k gegen eine Einheitsstrecke auf einer der Erzeugenden des Kegels und die Halbtangenten von γ_k im Punkte O gegen die erwähnte Erzeugende konvergieren, so strebt $|\overline{P(X_k)\,X_k}|/s(X_k)$ gegen Null, wenn $k \to \infty$. Aber dies ist ein Widerspruch zu unserer Voraussetzung.

Der Satz ist vollständig bewiesen.

Als Folgerung aus den Sätzen 1, 2, 3 erhält man:

S a t z 4. *Es sei X_0 ein willkürlicher Punkt einer konvexen Fläche, X ein zu ihm benachbarter Punkt der Fläche, r_0 und $r(X)$ seien die Radiusvektoren der Punkte X_0 und X. $\tau(X)$ sei der zum Punkt X_0 gehörige Einheitsvektor der Halbtangente an die Kürzeste, welche die Punkte X und X_0 miteinander verbindet; $s(X)$ sei der Abstand zwischen diesen Punkten auf der Fläche.*

Dann ist

$$r(X) = r_0 + s(X)\,\tau(X) + \nu(X),$$

wobei $\nu(X)$ ein Vektor ist, der die folgenden Eigenschaften besitzt:

1. *Der Einheitsvektor der Richtung $\nu(X)$ gehört der konvexen Hülle des sphärischen Bildes der Kürzesten an, die die Punkte X und X_0 verbindet;*

2.

$$\frac{\tau(X)\,\nu(X)}{|\nu(X)|} \to 0, \quad \frac{\nu(X)}{s(X)} \to 0$$

für $X \to X_0$.

§ 2. Über die Konvergenz isometrischer konvexer Flächen

Im Verlaufe der weiteren Darlegung müssen wir konvergierende Folgen isometrischer konvexer Flächen mehrfach betrachten. Bei diesen Betrachtungen muß man meistens gewisse Schlüsse über den Charakter der Konvergenz der bei der Isometrie entsprechenden Richtungen und über ihre Beziehung zur Richtung auf der Grenzfläche ziehen. Um uns nicht zu wiederholen und den Beweis der grundlegenden Hilfssätze etwas zu entlasten, betrachten wir in diesem Paragraphen gewisse allgemeine Sätze, die sich auf diese Frage beziehen.

Satz 1. *Es sei F eine konvexe Fläche, F_n eine nach F konvergierende Folge konvexer Flächen, die zu F isometrisch sind. X_0 sei ein Punkt auf F, X_n der Punkt auf der Fläche F_n, der bei der Isometrie dem Punkte X_0 auf F entspricht. $s_1, s_2, \ldots, s_n$ sei eine abnehmende Folge positiver Zahlen, welche gegen Null konvergiert. Es sei $\bar{F}_n$ eine Fläche, die aus F_n durch Ähnlichkeitstransformation mit dem Zentrum X_n und dem Ähnlichkeitskoeffizienten $\frac{1}{s_n}$ erhalten wird.*

Wenn dann für $n \to \infty$ die Folge der Flächen $\bar{F}_n$ konvergiert, so ist die Grenzfläche $\bar{F}$:

1. *ein Kegel, der gleich dem Tangentialkegel der Fläche F im Punkte X_0 ist, wenn dieser Punkt konisch ist;*
2. *ein Zylinder mit Erzeugenden, die parallel der Kante der Fläche F im Punkte X_0 sind, wenn X_0 ein Kantenpunkt ist, wobei dieser Zylinder ein Zweiflach im Punkte X_0 enthält;*
3. *eine Ebene, wenn X_0 ein glatter Punkt auf F ist.*

Beweis: Die Krümmung der Fläche $\bar{F}_n$ im Punkte X_n hängt nicht von n ab und ist gleich der Krümmung von F im Punkte X_0. Die Krümmung eines beliebigen beschränkten Teils der Fläche $\bar{F}_n$, ausgenommen den Punkt X_n, nimmt unbeschränkt ab, wenn $n \to \infty$. Hieraus folgt, daß die Fläche $\bar{F}$ als Grenzfläche der Folge $\bar{F}_n$ entweder ein Kegel ist (wenn der Punkt X_0 auf F konisch ist) oder ein Zylinder (wenn der Punkt X_0 auf F glatt oder kantig ist).

Die Stützebenen von $\bar{F}$ im Punkte X_0 müssen zu Stützebenen von F werden, weil die Grenzstützebenen der Flächen $\bar{F}_n$ solche sind. Der Tangentialkegel der Fläche $\bar{F}$ im Punkte X_0 enthält den Tangentialkegel der Fläche F. Indem wir die Gleichheit der Krümmung der Flächen F und F im Punkte X_0 in Betracht ziehen, schließen wir hieraus, daß F mit dem Tangentialkegel F im Punkte X_0 zusammenfällt, wenn dieser Punkt konisch ist. Wenn X_0 ein Kantenpunkt ist, dann ist $\bar{F}$ ein Zylinder, der die Kante des Zweiflach im Punkte X_0 der Fläche F als eine seiner Erzeugenden enthält. Das ganze Zweiflach ist im Innern dieses Zylinders enthalten. Wenn X_0 ein glatter Punkt der Fläche F ist, dann ist $\bar{F}$ eine Ebene, die mit der Tangentialebene der Fläche F im Punkte X_0 zusammenfällt.

Der Satz ist bewiesen.

Satz 2. *Es sei F eine konvexe Fläche, X_0 ein Punkt auf ihr, F_n eine Folge konvexer Flächen, isometrisch zu F und gegen F konvergierend; X_n sei der Punkt auf der Fläche F_n, der bei der Isometrie dem Punkte X_0 entspricht.*

Wenn dann X_0 ein glatter oder konischer Punkt ist, konvergieren die Richtungen in den Punkten X_n auf den Flächen F_n für $n \to \infty$ gleichmäßig gegen die bei der Isometrie entsprechenden Richtungen auf F im Punkte X_0.

Wenn der Punkt X_0 kantig ist, dann haben diese Eigenschaften wenigstens die beiden Richtungen, welche den Richtungen der Kante im Punkte X_0 auf F entsprechen.

Beweis: Wir nehmen auf der Fläche F einen Punkt Y_0 in der Nähe von X_0 und verbinden beide durch die Kürzeste γ_0. Es sei γ_n die entsprechende Kürzeste auf der Fläche F_n. Für $n \to \infty$ ist $F_n \to F$ und $\gamma_n \to \gamma_0$.

Wenn der Punkt X_0 glatt oder konisch ist, konvergiert gemäß Satz 1 die Halbtangente t_n an γ_n im Punkte X_n gegen eine Halbgerade, die in der Tangentialebene an F im Punkte X_0 oder auf einer der Erzeugenden des Tangentialkegels gelegen ist. Gemäß einem Satz von LIEBERMANN (§ 3, Kap. I) folgt hieraus, daß die Grenzlage der Halbtangenten t_n eine Halbtangente an die Grenzkürzeste ist, d. h. an γ_0 im Punkte X_0. Aus der Gleichheit der Krümmungen der Fläche F im Punkte X_0 und der Fläche F_n im Punkte X_n und dem Charakter der Konvergenz der Flächen $\overline{F}_n$ gegen die Fläche F in Satz 1 folgt jetzt die gleichmäßige Konvergenz aller Richtungen im Punkte X_n der Fläche F_n gegen die bei der Isometrie entsprechenden Richtungen auf F im Punkte X_0.

Wir nehmen an, X_0 sei ein Kantenpunkt der Fläche F. Wir nehmen auf der Fläche F einen Punkt Y_0 so, daß die Kürzeste γ_0, welche X_0 und Y_0 verbindet, mit einer Richtung der Kante im Punkte X_0 einen Winkel $< \varepsilon$ bildet. Man kann ohne Beschränkung der Allgemeinheit sagen, daß die Halbtangente t_n an γ_n im Punkte X_n gegen eine gewisse Halbtangente t_0 konvergiert. Aus Satz 1 folgt, daß diese Halbtangente nicht innerhalb des Zweiflach der Fläche F im Punkte X_0 verlaufen kann und folglich nach dem Satz von LIEBERMANN mit der Richtung der Halbtangente an γ_0 im Punkte X_0 einen Winkel von der Größenordnung ε bilden muß. Hieraus schließen wir, daß die Richtungen auf der Fläche F_n im Punkte X_n, welche den Richtungen der Kante im Punkte X_0 auf F entsprechen, gegen die bei der Isometrie entsprechenden Richtungen auf F konvergieren.

Der Satz ist bewiesen.

Jetzt verallgemeinern wir etwas den Satz 2 in dem Sinne, daß an Stelle eines einzelnen Punktes X_0 auf der Fläche F eine beliebige abgeschlossene Punktmenge genommen wird, und zwar beweisen wir den folgenden Satz:

Satz 3. *Es sei F eine konvexe Fläche und M eine abgeschlossene Menge auf ihr, F_n eine Folge konvexer Flächen, isometrisch zu F und gegen F konvergierend.*

Dann findet man für genügend großes n für jeden Tangentialkegel der Fläche F in den Punkten der Menge M zwei Richtungen, welche diesen Kegel halbieren und mit den bei der Isometrie entsprechenden Richtungen auf F_n Winkel $< \varepsilon$ bilden.

B e w e i s: Wir nehmen an, die Behauptung sei falsch. Dann existiert für jedes n auf F ein Punkt $X_n \subset M$, für welchen die angegebene Eigenschaft nicht gültig ist. Man kann ohne Beschränkung der Allgemeinheit sagen, daß die Punktfolge X_n gegen einen gewissen Punkt X_0 auf der Fläche F konvergiert. Man kann drei Fälle angeben:

1. X_0 ist ein glatter Punkt,
2. X_0 ist ein konischer Punkt,
3. X_0 ist ein kantiger Punkt.

Es sei s_n der Abstand zwischen den Punkten X_0 und X_n auf der Fläche F. Wir bezeichnen mit $F^{(n)} = \frac{1}{s_n} F$ eine Fläche, die durch eine Ähnlichkeitstransformation aus F mit dem Zentrum X_0 und dem Ähnlichkeitskoeffizienten $\frac{1}{s_n}$ erhalten wird, und mit $F_n^{(n)}$ eine analog konstruierte Fläche für F_n mit einem Punkte, der bei der Isometrie dem Punkte X_0 entspricht. Es sei γ_n die Kürzeste auf F, welche die Punkte X_0 und X_n verbindet. $\gamma^{(n)}$ und $\gamma_n^{(n)}$ seien die bei der Isometrie und Ähnlichkeit entsprechenden Kürzesten auf $F^{(n)}$ und $F_n^{(n)}$. Ohne Beschränkung der Allgemeinheit kann man sagen, daß die Folgen der Flächen $F^{(n)}$ und $F_n^{(n)}$ konvergieren und auch die Folgen der Kürzesten $\gamma^{(n)}$ und $\gamma_n^{(n)}$ konvergieren. Wir bezeichnen mit $F^{(0)}$ und $F_0^{(0)}$ die Grenzflächen für die Folgen $F^{(n)}$ und $F_n^{(n)}$ und mit $\gamma^{(0)}$ und $\gamma_0^{(0)}$ die Grenzkürzesten für $\gamma^{(n)}$ bzw. $\gamma_n^{(n)}$.

Wir nehmen jetzt an, daß X_0 ein glatter oder konischer Punkt der Fläche F ist. In diesem Falle fallen die beiden Flächen $F^{(0)}$ und $F_0^{(0)}$ zusammen und sind die Tangentialebene an F im Punkte X_0, wenn dieser Punkt ein glatter ist, oder sie sind der Tangentialkegel in diesem Punkte, wenn X_0 ein konischer Punkt ist. Die Kürzesten $\gamma^{(0)}$ und $\gamma_0^{(0)}$ sind geradlinige Strecken mit dem Endpunkt in X_0, die in der Tangentialebene oder auf dem Tangentialkegel der Fläche F im Punkte X_0 gelegen sind. Gemäß Satz 2 fallen die Strecken $\gamma^{(0)}$ und $\gamma_0^{(0)}$ zusammen. Indem wir den Satz von Liebermann anwenden, schließen wir hieraus, daß die Halbtangenten an die Kürzesten $\gamma^{(n)}$ und $\gamma_n^{(n)}$ in Punkten, die X_n entsprechen, gegen ein und dieselbe Halbgerade t_0 konvergieren, welche die Strecke $\gamma^0 = \gamma_0^{(0)}$ enthält. Deshalb besitzen für genügend großes n die Fläche F im Punkte X_n und die Fläche F_n im entsprechenden Punkt entsprechende (bei der Isometrie) Richtungen, welche miteinander einen beliebig kleinen Winkel bilden. Es ist auch klar, daß die Richtungen auf F und F_n, welche zusammen mit den erwähnten die entsprechenden Tangentialkegel hälften, sich bei der Isometrie entsprechen und auch einen kleinen Winkel bilden. Wir sind zu einem Widerspruch gekommen.

Wir betrachten den Fall, daß X_0 ein Kantenpunkt auf F ist. In diesem Falle, wenn die Punktfolge X_n gegen X_0 so konvergiert, daß die Halbtangenten an $\gamma^{(n)}$ im Punkte X_0 gegen eine Richtung der Kante in diesem Punkte konvergieren (man kann ohne Beschränkung der Allgemeinheit sagen, daß die Halbtangenten konvergieren), muß man alles wiederholen, was im Falle eines glatten und konischen Punktes gesagt wurde. Wenn die Grenzlage der Halbtangente nicht auf der Kante des Zweiflachwinkels liegt — des Tangentialkegels im Punkte X_0 —, dann fallen die Grenzkürzesten $\gamma^{(0)}$ und $\gamma_0^{(0)}$ im allgemeinen nicht zusammen, sondern die Halbtangenten an diese im Punkte X_0 werden auseinander gewonnen durch Drehung um einen gewissen Winkel um die Richtung der Kante der Fläche F im Punkte X_0, mit anderen Worten: Diese Halbtangenten bilden mit der Richtung der Kante ein und denselben Winkel ϑ_0. Daraus schließen wir (indem wir noch darauf aufmerksam machen, daß $F^{(0)}$ ein Zweiflach ist und $F_0^{(0)}$ ein Zylinder, der die Kante dieses Zweiflachs enthält), daß eine der Richtungen auf F im Punkte X_n (mit γ_n den Winkel ϑ_0 bildend) für $n \to \infty$ mit der bei der Isometrie entsprechenden Richtung auf F_n einen beliebig kleinen Winkel bildet. Die andere Richtung, die diese Eigenschaft besitzt, hälftet den Tangentialkegel gemeinsam mit der angegebenen Richtung. Wir sind zu einem Widerspruch gekommen.

Der Satz ist vollständig bewiesen.

§ 3. Die Konstruktion konvexer Flächen, die zu einer gegebenen isometrisch sind

Bei dem Beweis des Hauptsatzes über die eindeutige Bestimmung geschlossener konvexer Flächen werden wir von der Voraussetzung der Existenz zweier geschlossener konvexer isometrischer Flächen ausgehen, die nicht kongruent sind, und zu einem Widerspruch kommen. In diesem Paragraphen beweisen wir das folgende Lemma:

Es sei F eine geschlossene konvexe Fläche. Wenn eine geschlossene konvexe Fläche F' isometrisch zu F, aber nicht kongruent zu F existiert, dann existieren beliebig nahe bei F, aber nicht kongruent mit F, geschlossene konvexe isometrische Flächen. Dabei werden unter die geschlossenen konvexen Flächen auch die zweifach bedeckten konvexen Bereiche der Ebene hinzugenommen.

Beweis: Erstens bemerken wir, daß eine geschlossene konvexe Fläche F so in konvexe Dreiecke zerteilt werden kann, daß die folgenden Bedingungen erfüllt werden:

1. Die Seiten jedes Dreiecks sind $< \varepsilon$.
2. Zwei Ecken jedes Dreiecks können auf der Fläche nur durch eine Kürzeste verbunden werden, welche der Seite eines Dreiecks entspricht.
3. Die Winkel jedes Dreiecks sind $< \pi$.
4. Die Krümmung jedes Dreiecks ist $< \omega$, wobei ω eine beliebige positive Zahl ist.

Bekanntlich [1] existiert eine Zerteilung T der Fläche F in Dreiecke $\triangle$, die die Bedingungen 1 und 3 befriedigen. Ausgehend von dieser Zerteilung konstruieren wir eine Zerteilung T', welche auch die Bedingung 2 erfüllt. Dazu zeichnen wir in jedem Dreieck $\triangle$ der Zerteilung T die geodätischen Mittellinien. Wenn sich in jedem beliebigen Dreieck $\triangle$ die Mittellinien in einem Punkte schneiden, so befriedigen auch die sechs Dreiecke, in welche das Dreieck $\triangle$ durch seine Mittellinien zerteilt wird, die Bedingungen 1, 2 und 3. Wenn sich die Mittellinien des Dreiecks $\triangle$ nicht in einem Punkte schneiden, so werden sie dieses in vier Dreiecke und drei Vierecke zerteilen. Wir zeichnen in jedem Viereck die Diagonalen. Dann wird das Dreieck $\triangle$ in 16 Dreiecke zerteilt, welche die Bedingungen 1, 2 und 3 befriedigen. Daß die Bedingung 2 in jedem der betrachteten Fälle tatsächlich erfüllt wird, folgt aus dem Satz von A. D. ALEXANDROW über die Nichtüberlagerung der Kürzesten (s. § 2, Kap. I).

Wir zeigen jetzt, daß eine Zerteilung der Fläche F existiert, welche nicht nur die Bedingungen 1—3 befriedigt, sondern auch die Bedingung 4. Dazu bemerken wir, daß eine Zahl δ existiert, abhängig von ω, derart, daß die Krümmung jedes Dreiecks auf der Fläche mit Seiten höchstens δ, von dem nicht mehr als einer seiner inneren Punkte entfernt wird, kleiner als ω ist. Tatsächlich kann man jedem Punkte X der Fläche F einen Bereich von Punkten $U(X)$ zuordnen, deren Abstand vom Punkte X kleiner als $\delta(X)$ ist, wobei die Krümmung der Menge $U(X) - X$ kleiner als ω wird. Die Mengen $U(X)$ bilden eine offene Überdeckung der Fläche, aus welcher man nach einem bekannten Satz eine endliche Bedeckung $U_1, U_2, \ldots, U_s$ auswählen kann. Für diese Bedeckung kann man eine Zahl $\delta > 0$ so finden, daß jedes Dreieck mit einem Durchmesser kleiner als δ auf der Fläche F mindestens einer der Mengen $U_1, U_2, \ldots, U_s$ angehören wird Wir nehmen eine so kleine Zerteilung T, daß der Durchmesser jedes Dreiecks $\triangle$ kleiner als δ ist. Die Krümmung jedes Dreiecks $\triangle$ wird kleiner als ω sein, wenn aus diesem ein gewisser innerer Punkt entfernt wird. Wir verbinden diesen Punkt mit den Ecken des Dreiecks. Dann erhalten wir eine neue Zerteilung der Fläche in Dreiecke, welche nicht nur die Bedingungen 1—3, sondern auch die Bedingung 4 befriedigt.

Wir konstruieren jetzt eine Fläche, deren Existenz durch das Lemma behauptet wird. T sei eine Zerteilung der Fläche F in geodätische Dreiecke, die den Bedingungen 1—4 genügen. Wir zeichnen auf der Fläche F ein genügend dichtes Punktnetz S, das alle Ecken der Dreiecke $\triangle$ der Zerteilung T enthält. Das bei der Isometrie entsprechende Punktnetz auf F' bezeichnen wir mit S'.

Wir bilden die konvexen Hüllen der Mengen S und S'. Dies sind geschlossene konvexe Polyeder. Wir bezeichnen sie mit P bzw. P'. Wir verbinden die Ecken der Polyeder P und P', die den Ecken der Triangulation T entsprechen, durch die Kürzesten, die den Seiten der Dreiecke $\triangle$ entsprechen. Wenn das Punktnetz S genügend dicht genommen ist, so verwirklichen diese Kürzesten eine Zerteilung der Polyeder P und P' in Dreiecke ebenso wie die Triangulation T auf F, wobei die Krümmungen dieser Dreiecke zusammen mit ω klein sind.

Wir bezeichnen jetzt durch $\sigma_{\triangle, P}$ bzw. $\sigma_{\triangle, P'}$ die geodätischen Dreiecke auf den Polyedern P und P', die dem Dreieck $\triangle$ auf der Fläche F entsprechen. Jedes dieser Dreiecke ist ein konvexes Polyeder mit Rand. X und Y seien zwei beliebige Ecken des Polyeders P, gelegen im Inneren des Bereichs $\sigma_{\triangle, P}$. Es seien α und β die Krümmungen in diesen Ecken, γ die Kürzeste, welche die Punkte X und Y innerhalb $\sigma_{\triangle, P}$ verbindet, l sei ihre Länge. Wir konstruieren zwei Dreiecke mit der Basis l und den Basiswinkeln x und y. Für diese Dreiecke und das Polyeder P, das längs der Kürzesten γ aufgeschnitten wird, sowie für alle x und y, welche die Bedingungen $x \leqslant \frac{\alpha}{2}$, $y \leqslant \frac{\beta}{2}$ befriedigen, sind die Bedingungen des Verheftungssatzes von A. D. ALEXANDROW [1] erfüllt.

Es sei $P_{x,y}$ das geschlossene konvexe Polyeder, entstanden durch Verheftung dieser beiden Dreiecke und des längs der Kürzesten γ aufgeschnittenen Polyeders P. Wegen des Satzes über die eindeutige Bestimmung geschlossener konvexer Polyeder kann man sagen, daß bei stetigem Anwachsen von x und y das Polyeder $P_{x,y}$ sich stetig verändert und von dem Polyeder P (das $x=y=0$ entspricht) übergeführt wird in ein Polyeder mit einer kleineren Anzahl von Ecken als bei P. Es erscheint nämlich an Stelle der zwei Ecken X und Y auf P, welche verschwinden, eine einzige mit der Krümmung $\alpha+\beta$.

Indem wir endlich viele Wiederholungen dieser Operation anwenden, können wir das Polyeder P in ein solches Polyeder stetig deformieren, für welches in jedem seiner Bereiche, die den Dreiecken $\triangle$ entsprechen, nicht mehr als eine Ecke liegt. Es sei $\bar{P}$ ein solches Polyeder und $\bar{\sigma}_{\triangle,\bar{P}}$ ein Dreieck auf ihm, das dem Dreieck $\triangle$ entspricht. Dieses ist isometrisch entweder einem ebenen Dreieck oder der Seitenfläche einer dreiflächigen Pyramide. Wir erörtern den zweiten Fall. Nachdem wir das Dreieck $\bar{\sigma}_{\triangle,\bar{P}}$ ausgeschnitten haben, wickeln wir es auf die Seitenfläche der dreiflächigen Pyramide ab, und danach werden wir diese stetig in das Dreieck überführen, das in der Grundfläche der Pyramide gelegen ist, wobei wir ihre Spitze längs einer Geraden in einen beliebigen inneren Punkt der Grundfläche versetzen.

Die Bedingungen des Verheftungssatzes sind für den Teil des Polyeders $\bar{P}$, welches nach Entfernung seines Dreiecks $\bar{\sigma}_{\triangle,\bar{P}}$ erhalten wird (wir bezeichnen ihn mit $\bar{P}-\bar{\sigma}_{\triangle,\bar{P}}$), und für die deformierte Seitenfläche der Pyramide stets erfüllt. Das auf diese Weise verheftete geschlossene Polyeder ist, indem es sich stetig bei stetiger Veränderung der Seitenfläche der Pyramide verändert, zu Anfang gleich $\bar{P}$, und am Ende ist es ein Polyeder, das aus $\bar{P}-\bar{\sigma}_{\triangle,\bar{P}}$ und dem ebenen Dreieck mit denselben Seiten wie auch $\bar{\sigma}_{\triangle,\bar{P}}$ verheftet ist. Wenn wir diese Operation mit einer endlichen Anzahl von Wiederholungen anwenden, kommen wir schließlich zu einem geschlossenen konvexen Polyeder $\tilde{P}$, zusammengeheftet aus ebenen Dreiecken mit Seiten, die den entsprechenden Seiten der Dreiecke $\bar{\sigma}_{\triangle,\bar{P}}$ gleich sind.

Wir definieren den Begriff der Nachbarschaft für geschlossene konvexe Polyeder, die durch die oben beschriebene Deformation aus P erhalten werden. Wir werden sagen, daß zwei Polyeder P_1 und P_2 ε-benachbart sind, wenn sie eine solche gegenseitige Lage zulassen, für die die Abstände zwischen ihren Ecken, die den Ecken der Triangulation T auf F entsprechen, nicht größer als ε sind, aber keine solche gegenseitige Lage existiert, für welche alle Paare erwähnter Ecken weniger als ε entfernt sind.

Bezüglich des Polyeders P' kann man eine ebensolche Deformation wie auch für P anwenden. Dadurch führen wir es in ein geschlossenes konvexes Polyeder $\tilde{P}'$ über, das aus ebenen Dreiecken mit Seiten zusammengeheftet ist, die gleich den Seiten der Dreiecke $\bar{\sigma}_{\triangle,\bar{P}'}$ sind, zugeordnet den Dreiecken $\triangle$ auf F.

Wenn das Punktnetz S genügend dicht genommen wird, so unterscheiden sich die Längen der Dreiecksseiten von $\sigma_{\triangle, P}$ und $\sigma_{\triangle, P'}$ wenig, und deshalb ist das Polyeder $\tilde{P}$ entweder nahe bei $\tilde{P}'$ oder bei dessen Spiegelbild.

Hieraus ziehen wir einen wichtigen Schluß. Für ein genügend dichtes Netz gibt es unter den Polyedern, die durch die oben beschriebene Deformation aus P und P' erhalten werden, ε-Benachbarte zu P und ε-Benachbarte zu P', wie klein auch $\varepsilon > 0$ sein möge. Wir nehmen einen Repräsentanten für jedes dieser Polyeder und bezeichnen sie P_ε respektive P_ε'.

Wenn man jetzt zu allen kleineren Triangulationen übergeht, indem man gleichzeitig ω verkleinert und die Dichte des Netzes S vergrößert, so kann man sagen, daß die Folge von Polyedern P_ε und auch P_ε' gegen konvexe Flächen konvergiert, isometrisch zu F, benachbart zu F respektive F', aber nicht gleich ihnen.

Das Lemma ist bewiesen.

KAPITEL IV
ÜBER GEMISCHTE FLÄCHEN

§ 1. Über die Mischung von Ebenen, Zweiflachen und isometrischen konvexen Kegeln

F_0 und F_1 seien zwei Figuren, zwischen deren Punkten eine eindeutige Beziehung hergestellt ist. Die Operation der Mischung dieser Figuren besteht in der Konstruktion einer Figur F_λ von Raumpunkten, die die Verbindungsstrecken entsprechender Punkte der Figuren F_0 und F_1 im Verhältnis $\lambda : (1 - \lambda)$ teilen. Diese Operation erweist sich für die Betrachtung isometrischer Flächen als nützlich. In diesem Paragraphen betrachten wir die Mischung einfachster isometrischer Flächen: von Ebenen, Zweiflachen und Kegeln. Die dabei erhaltenen Resultate werden im folgenden Paragraphen zur Mischung allgemeiner konvexer Flächen benutzt.

Bekanntlich sind alle Ebenen und Zweiflache isometrisch. In diesem Paragraphen werden wir jedoch hervorheben, daß ihre Isometrie bedeutet, zwischen zwei Ebenen oder zwischen einer Ebene und einem Zweiflach ist eine ganz bestimmte isometrische Abbildung gegeben.

Es seien α und β zwei isometrische konvexe Kegel (die Entartung der Kegel zu Ebenen oder Zweiflachen werde nicht ausgeschlossen), P und Q ihre Spitzen, ω eine Kugel, die im Inneren jedes dieser Kegel enthalten ist. Zwischen den Kegeln α und β sei eine isometrische Beziehung hergestellt, die die Bedingung befriedigt: Wenn man eine Kontur $\varkappa_\alpha$ auf dem Kegel α nimmt, die den Punkt X_α umschlingt, sowie eine Kontur $\varkappa_\beta$ auf β, die bei der Isometrie $\varkappa_\alpha$ zugeordnet ist, dann bilden die bei der Isometrie entsprechenden Umläufe dieser Konturen mit der Richtung der Erzeugenden, die durch die Punkte X_α und X_β zur Spitze der

Kegel α und β gehen, gleichzeitig entweder eine rechte Schraube oder eine linke Schraube.

Im Punkte P gebe es die beiden Richtungen t' und t'', die den Winkel bei P auf dem Kegel α hälften, miteinander im Raum einen Winkel größer $\pi - \varepsilon$ bilden und deren Winkel mit den bei der Isometrie entsprechenden Richtungen auf β im Punkte Q kleiner als ε sind.

Wenn dann die Krümmung der Kegel genügend klein ist, ihre Spitzen benachbart sind, ε *und* $\left|\lambda - \frac{1}{2}\right|$ *klein sind, ist das Resultat der Mischung* γ *der Kegel* α *und* β *ein konvexer Kegel, der in seinem Innern die Kugel* ω *enthält.*

Alle Richtungen auf dem Kegel α in der Spitze mögen mit den bei der Isometrie entsprechenden Richtungen auf dem Kegel β Winkel kleiner als ε bilden. Ferner mögen die Krümmungen der Kegel α und β nicht kleiner sein als $\vartheta_0 > 0$.

Dann ist bei genügender Nachbarschaft der Kegelspitzen bei kleinem ε *und* λ *nahe bei* $\frac{1}{2}$ *das Resultat der Mischung* γ *der Kegel* α *und* β *ein konvexer Kegel, der in seinem Inneren die Kugel* ω *enthält.*

Wir beweisen zunächst die erste Behauptung.

Wenn α und β Ebenen sind, $P \equiv Q$, $\varepsilon = 0$ und $\lambda = \frac{1}{2}$, dann ist die Behauptung trivial. Deshalb ist sie auch für den Fall richtig, daß Q nahe bei P gelegen ist, ε klein und λ nahe bei $\frac{1}{2}$. Wenn einer der Kegel α oder β eine Ebene ist und der andere ein Zweiflach mit $P \equiv Q$, $\varepsilon = 0$ und $\lambda = \frac{1}{2}$, dann ist die Behauptung trivial. Daraus schließen wir leicht, daß sie auch im Falle einer genügenden Nachbarschaft von Q und P richtig ist für genügend kleines ε und $\left|\lambda - \frac{1}{2}\right|$.

Nunmehr mögen die Kegel α und β weder in Zweiflache noch in Ebenen entarten. Wir nehmen an, die Behauptung sei falsch. Dann existieren unendliche Folgen von Kegeln α_n und β_n mit den Spitzen P_n und Q_n, eine Folge von Zahlen $\lambda_n \to \frac{1}{2}$ und $\varepsilon_n \to 0$, für welche die Behauptung falsch ist. Ohne Beschränkung der Allgemeinheit kann man sagen, daß die Kegel α_n und β_n gegen die Zweiflache α_0 und β_0 (sie können in Ebenen entarten) und ihre Spitzen gegen einen Punkt S konvergieren. Die isometrische Abbildung des Kegels α_n auf β_n geht in die isometrische Abbildung der Zweiflache α_0 und β_0 über, für welche die Kanten durch die Isometrie zugeordnet sind und die bei der Isometrie entsprechenden Punkte der Kanten zusammenfallen.

Die Abbildung des Kegels α_n auf γ_n, für welche dem Punkte $X \subset \alpha_n$ der Punkt $X_{\lambda_n} \subset \gamma_n$ zugeordnet ist, der den Abstand zwischen dem Punkte X und dem bei der Isometrie entsprechenden Punkt des Kegels β_n im Verhältnis $\lambda_n : (1 - \lambda_n)$ teilt, ist ein Homöomorphismus.

Der Kegel γ_n ist für genügend großes n konvex. Um sich davon zu überzeugen, genügt es zu zeigen, daß er lokal konvex ist in dem Sinne, daß man durch jede seiner Erzeugenden t_n eine Ebene so legen kann, daß alle Erzeugenden, nahe bei der gegebenen, in einem von den Halbräumen liegen, die durch diese Ebene bestimmt sind, nämlich in jenem, wo die Kugel ω gelegen ist. Wir nehmen an, auf jedem Kegel γ_n befinde sich eine Erzeugende t_n, auf welcher die lokale Konvexität gestört wird. Ohne Beschränkung der Allgemeinheit kann man sagen, daß die entsprechenden Erzeugenden t_n' auf α_n nach t_0' auf α_0 konvergieren. A_n' seien Punkte auf t_n' im Abstand 1 von den Spitzen des Kegels α_n. k_n' sei das tangierende Zweiflach in diesem Punkte und k_n'' das tangierende Zweiflach im Punkte A_n'', der dem Punkte A_n' auf dem Kegel β_n entspricht. Durch Mischung der Zweiflache k_n' und k_n'' erhält man für genügend großes n den Zweiflachwinkel k_n, in dessen Inneren die Kugel ω gelegen ist. Durch die Kante dieses Zweiflachs kann man eine Stützebene so legen, daß ihre innere Normale $\bar{n}$, die aus den Punkten A_n' und A_n'' austritt, ins Innere der Kegel α_n und β_n gerichtet ist. Wir verbinden den Punkt B_n' nahe bei A_n' durch die Kürzeste γ' auf α_n. Es sei $r_1(s)$ der Radiusvektor eines Punktes der Kurve γ', der dem Bogen s entspricht (der Anfang der Bogenmessung sei der Punkt A_n'). $r_2(s)$ sei der Radiusvektor des bei der Isometrie entsprechenden Punktes auf β_n. Für $s = 0$ haben wir $\frac{d}{ds}(\lambda_n r_1 + (1 - \lambda_n) r_2)\bar{n} \geqslant 0$. Indem wir den Satz von Liebermann über die Konvexität einer Geodätischen auf die Kürzeste γ' auf α_n und die entsprechende Kürzeste γ'' auf β_n anwenden, schließen wir, daß $\frac{d}{ds}(\lambda_n r_1 + (1 - \lambda_n) r_2)\bar{n} \geqslant 0$ für alle s von γ'.

Durch Integration dieser Ungleichung schließen wir, daß alle Punkte des Kegels γ_n, die sich nahe bei dem Bild des Punktes A_n' befinden, auf einer Seite der Stützebene mit der inneren Normalen $\bar{n}$ gelegen sind. Wir kamen zu einem Widerspruch; die lokale Konvexität des Kegels γ_n ist bewiesen. Wir bemerken noch, *daß der Kegel γ_n in ein Zweiflach nur in dem Falle entartet, wenn jeder von den Kegeln α_n und β_n ein Zweiflach ist und ihre Kanten durch die Isometrie zugeordnet sind.*

Wir beweisen jetzt die zweite Behauptung, die zu Anfang des Paragraphen formuliert wurde. Wir nehmen an, sie sei falsch. Wie früher konstruieren wir dann eine Folge von Kegelpaaren α_n und β_n, für welche die Behauptung falsch ist. Sodann zeigen wir, daß der Kegel γ_n, durch Mischung der Kegel α_n und β_n erhalten, lokal konvex und die wirkliche Abbildung des Kegels α_n auf γ_n, welche früher definiert wurde, ein Homöomorphismus ist. Hieraus folgt leicht, daß γ_n ein konvexer Kegel ist, der die Kugel ω enthält.

§ 2. *Über die Mischung isometrischer konvexer Flächen*

Satz: *F sei eine geschlossene, nicht entartete konvexe Fläche und F_n eine Folge konvexer Flächen, isometrisch zu F und nach F konvergierend. Dann ist das Resultat der Mischung $F_{n\lambda}$ der Flächen F und F_n für genügend großes n und kleines $\lambda - \frac{1}{2}$ (absolut genommen) eine geschlossene konvexe Fläche. Die Punktzuordnung der Flächen F und $F_{n\lambda}$, für welche dem Punkte X auf der Fläche F der Punkt $X_{n\lambda}$*

auf der Fläche $F_{n\lambda}$ entspricht, ist ein Homöomorphismus. $X_{n\lambda}$ teilt die Strecke zwischen X und X_n im Verhältnis $\lambda : (1-\lambda)$; X_n ist der Punkt auf F_n, der bei der Isometrie zwischen F und F_n dem Punkte X' entspricht.

Beweis: Wir bezeichnen mit $V(X)$ den Tangentialkegel der Fläche F im Punkte X und mit $V_n(X)$ den Tangentialkegel der Fläche F_n in dem bei der Isometrie entsprechenden Punkte. Die isometrische Zuordnung der Flächen F und F_n erzeugt auf natürliche Weise eine isometrische Zuordnung der Kegel V und V_n.

Q sei ein Punkt, der im Innern der Fläche F gelegen ist. Wir zeigen, daß für genügend großes n und λ nahe bei $\frac{1}{2}$ bei der Mischung der Kegel $V(X)$ und $V_n(X)$ für alle X ein konvexer Kegel $V_{n\lambda}(X)$ erhalten wird (insbesondere ein Zweiflach oder eine Ebene), wobei sich der Punkt Q im Inneren dieses Kegels befindet.

Wir nehmen an, die Behauptung sei falsch. Dann existiert auf F eine unendliche Folge von Punkten $X^{(n)}$ und eine Zahlenfolge $\lambda_n \to \frac{1}{2}$ für $n \to \infty$ so, daß für jedes $V_{n\lambda_n}(X^{(n)})$ wenigstens eine der früher angegebenen Eigenschaften nicht statthat.

Ohne Beschränkung der Allgemeinheit kann man sagen, daß die Punktfolge $X^{(n)}$ gegen einen gewissen Punkt $X^{(0)}$ auf F konvergiert, die Kegel $V(X^{(n)})$ und $V_n(X^{(n)})$ gegen die Kegel V und V_0 mit der Spitze $X^{(0)}$ konvergieren, die den Tangentialkegel von F in diesem Punkte enthalten. Die isometrische Zuordnung der Kegel $V(X^{(n)})$ und $V_n(X^{(n)})$ geht in die isometrische Zuordnung der Grenzkegel V und V_0 über.

Was für eine Folge $X^{(n)}$ auch sei, man kann in ihr immer eine Teilfolge abteilen, die eine der folgenden zwei Bedingungen befriedigt:

1. Die Teilfolge $X^{(n)}$ enthält keine anderen Punkte außer konischen.
2. Die Teilfolge $X^{(n)}$ enthält keine konischen Punkte.

Indem wir Satz 3 § 2 Kap. III und die Resultate des vorhergehenden Paragraphen anwenden, gelangen wir leicht zu Schlußfolgerungen, die der ursprünglichen Voraussetzung über die Kegel $V_{n\lambda_n}(X^{(n)})$ für genügend großes n und λ nahe bei $\frac{1}{2}$ widersprechen.

Wir zeigen jetzt, daß die Menge $F_{n\lambda}$ für genügend großes n und kleines $\left|\lambda - \frac{1}{2}\right|$ lokal konvex ist in dem Sinne, daß durch jeden Punkt $X_{n\lambda}$ der Menge $F_{n\lambda}$ eine Ebene so gelegt werden kann, daß alle Punkte $Y_{n\lambda}$, welchen auf F Punkte Y nahe X entsprechen, auf einer Seite dieser Ebene gelegen sind, dort, wo der Punkt Q gelegen ist. Wir nehmen an, dies sei falsch. Ohne Beschränkung der Allgemeinheit kann man sagen, daß die Störung der lokalen Konvexität von $F_{n\lambda}$ in dem $X^{(n)}$ entsprechenden Punkte stattfindet.

Gemäß den Resultaten des vorhergehenden Paragraphen kann im Punkte $X_{n\lambda}^{(n)}$ der Fläche $F_{n\lambda}$ die lokale Konvexität nicht gestört werden, wenn der Kegel $V_{n\lambda}(X^{(n)})$ in eine Ebene oder ein Zweiflach entartet ist. Hieraus folgt, daß für die Teilfolge $X^{(n)}$ nur die zweite der oben angegebenen Möglichkeiten vorkommen kann, wobei für genügend großes n (ohne Beschränkung der Allgemeinheit kann man sagen für alle n), wenn der Punkt $X^{(n)}$ und der ihm bei der Isometrie entsprechende Punkt auf F_n beide kantig sind, die Richtungen der Kanten durch diese vermöge der Isometrie zugeordnet sind. In diesem Falle sind V und V_0 Zweiflache oder Ebenen. Aus Satz 2 § 2 Kap. III folgt, daß sie eine gemeinsame Gerade besitzen, auf welcher die durch die Isometrie entsprechenden Punkte der Winkel V und V_0 zusammenfallen. Jeder dieser Winkel enthält den Tangentialkegel der Fläche F im Punkt $X^{(0)}$.

V_λ sei das Resultat der Vermischung von V und V_0. Im allgemeinen Fall ist V_λ ein Zweiflach. Wir legen durch die Kante dieses Winkels eine Ebene α_λ, so daß die innere Normale zu ihr im Inneren von V und V_0 verläuft. Es ist leicht zu sehen, daß eine solche Ebene tatsächlich existiert, wenn $\left|\lambda - \frac{1}{2}\right| < \chi$, wobei $\chi > 0$ nur vom kleinsten Zweiflach abhängt, in dessen Inneren man den Tangentialkegel der Fläche F im Punkte $X^{(0)}$ anbringen kann. Hieraus folgt, daß für genügend großes n und λ in der Nähe von $\frac{1}{2}$ durch die Kante des Winkels $V_{n\lambda}^{(n)}$ eine Ebene $\alpha_{n\lambda}$ so gelegt werden kann, daß die Halbgeraden, gleich gerichtet wie ihre innere Normale, mit Anfangspunkten auf den Kanten der Winkel $V(X^{(n)})$ und $V_n(X^{(n)})$, im Inneren dieser Winkel verlaufen.

Wir verbinden den Punkt Y, benachbart zum Punkte $X^{(n)}$, mit ihm durch die Kürzeste γ auf F. Es sei $r(s)$ der Radiusvektor eines Punktes der Kurve γ und $r_n(s)$ der Radiusvektor des Punktes, der ihm auf der Fläche F_n entspricht. Wenn man mit $\bar{n}$ den Einheitsvektor der inneren Normalen zur Ebene $\alpha_{n\lambda}$ bezeichnet, dann ist im Anfangspunkt der Kurve γ (d. h. im Punkte $X^{(n)}$)

$$\frac{d}{ds}(\lambda r + (1-\lambda) r_n)\,\bar{n} \geqslant 0\,.$$

Durch Anwendung des Satzes von Liebermann über die Konvexität von Geodätischen auf die Kürzeste γ und die entsprechende Kürzeste auf F_n schließen wir, daß $\frac{d}{ds}(\lambda r + (1-\lambda) r_n)\,\bar{n} \geqslant 0$ für alle Punkte der Kurve γ. Hieraus folgt, daß für alle Punkte Y in der Nachbarschaft von $X^{(n)}$

$$[\lambda(r(Y) - r(X^{(n)})) + (1-\lambda)\,(r_n(Y) - r_n(X^{(n)}))]\,\bar{n} \geqslant 0\,.$$

Dies aber bedeutet, daß im Punkte $X^{(n)}$ lokale Konvexität vorliegt. Wir kamen zu einem Widerspruch.

Daher ist für genügend großes n und λ nahe bei $\frac{1}{2}$ die Fläche $F_{n\lambda}$ lokal konvex, der Kegel $V_{n\lambda}(X)$ ist konvex und enthält den Punkt Q. Wir zeigen jetzt, daß die Abbildung der Fläche F auf $F_{n\lambda}$, für welche dem Punkte X der Fläche F der Punkt $X_{n\lambda}$ der Fläche $F_{n\lambda}$ entspricht, ein Homöomorphismus ist.

Wir nehmen das Gegenteil an. Es möge nämlich für jedes n ein $\lambda_n \to \frac{1}{2}$ für $n \to \infty$ existieren sowie ein Punktepaar $X^{(n)}$, $Y^{(n)}$ auf F so, daß $X_\lambda^{(n)} \equiv Y_\lambda^{(n)}$ ist. Ohne Beschränkung der Allgemeinheit kann man sagen, daß die Folgen $X^{(n)}$

und $Y^{(n)}$ konvergieren. Offensichtlich ist der Grenzpunkt für jede Folge ein und derselbe. Wir bezeichnen ihn mit $X^{(0)}$. Wir unterziehen die Flächen F und F_n einer Ähnlichkeitstransformation bezüglich der Punkte $X^{(0)}$ und $X_n^{(0)}$ mit dem Ähnlichkeitskoeffizienten $\frac{1}{s_n}$, wobei s_n der Abstand vom Punkte $X^{(0)}$ bis zu dem am weitesten entfernten Punkte $X^{(n)}$ oder $Y^{(n)}$. Die erhaltenen Flächen bezeichnen wir mit $F^{(n)}$ und $F_n^{(n)}$. Ohne Beschränkung der Allgemeinheit kann man sagen, daß die Flächen $F^{(n)}$ und $F_n^{(n)}$ für $n \to \infty$ nach $F^{(0)}$ und $F_0^{(0)}$ konvergieren. Die isometrische Zuordnung von $F^{(n)}$ und $F_n^{(n)}$ geht in die isometricshe Zuordnung $F^{(0)}$ und $F_0^{(0)}$ über. Wenn dabei der Punkt $X^{(0)}$ ein konischer ist, so ist $F_0^{(0)}$ ein Kegel, der mit $F^{(0)}$ zusammenfällt. Entsprechende Richtungen von $F^{(0)}$ und $F_0^{(0)}$ im Punkte $X^{(0)}$ fallen zusammen. Wenn $X^{(0)}$ ein Kantenpunkt ist, dann ist $F^{(0)}$ ein Zweiflach, $F_0^{(0)}$ im allgemeinen Falle ein Zylinder, der die Kante des Winkels $F^{(0)}$ als eine seiner Erzeugenden besitzt und diesen Winkel enthält. Die Kante des Winkels fällt mit der bei der Isometrie entsprechenden Erzeugenden zusammen. Wenn $X^{(0)}$ ein glatter Punkt ist, dann sind $F^{(0)}$ und $F_0^{(0)}$ zusammenfallende Ebenen. Indem wir zu den betrachteten Flächen $F^{(n)}$ und $F_n^{(n)}$ für $n \to \infty$ übergehen, können wir ohne besondere Mühe schließen, daß die Punkte $X_{\lambda n}^{(n)}$ und $Y_{\lambda n}^{(n)}$ für genügend große n nicht zusammenfallen können und wir auf diese Weise zu einem Widerspruch kommen.

Daher ist die Abbildung F auf $F_{n\lambda}$, für welche dem Punkte $X \subset F$ der Punkt $X_{n\lambda}$ entspricht, ein Homöomorphismus.

Wir zeigen schließlich, daß $F_{n\lambda}$ eine geschlossene konvexe Fläche ist. Dazu zerschneiden wir die Fläche $F_{n\lambda}$ durch eine Ebene, welche durch den Punkt Q hindurchgeht. Wir zeigen, daß die beim Schneiden erhaltene Kurve γ konvex ist. Wenn dies nicht wahr wäre, so gäbe es tatsächlich auf der Kurve γ einen Punkt P und in ihm eine lokale Stützgerade der Kurve γ, welche den Punkt Q von den Punkten der Kurve γ in der Nähe von P trennen würde. Dies jedoch steht im Widerspruch zur Lage der Punkte auf der Fläche $F_{n\lambda}$, die sich in der Nähe von P bezüglich der lokalen Stützebene im Punkte P befinden.

Aus der Konvexität einer jeden Kurve γ folgt, daß die Fläche $F_{n\lambda}$ eine geschlossene, konvexe Fläche ist.

Der Satz ist vollständig bewiesen.

§ 3. Über isometrische, konvexe Flächen, erhalten durch Vermischung

F_0 und F_1 seien zwei geschlossene, isometrische, konvexe Flächen, X_0 ein willkürlicher Punkt der Fläche F_0, X_1 der bei der Isometrie entsprechende Punkt der Fläche F_1. X_λ sei der Punkt, der die Strecke X_0X_1 im Verhältnis $\lambda : (1-\lambda)$ teilt. Wir zeigten im vorhergehenden Paragraphen, daß der geometrische Ort F_λ der Punkte X_λ, wenn die Fläche F_1 genügend nahe bei F_0 und λ nahe bei $\frac{1}{2}$, eine geschlossene, konvexe Fläche ist und die Abbildung der Fläche F_0 auf F_λ, für welche dem Punkte X_0 der Fläche F_0 der Punkt X_λ der Fläche F_λ entspricht, ein Homöomorphismus ist. Bezüglich der Fläche F_λ sagen wir, daß sie durch Vermischung der Flächen F_0 und F_1 erhalten wird.

Wir zeigen, daß die *Flächen F_λ und F_μ für genügend benachbarte F_1 und F_0 sowie für λ nahe bei $\frac{1}{2}$ und $\mu = 1 - \lambda$ isometrische, konvexe Flächen sind und die Abbildung der Fläche F_λ auf F_μ, für welche dem Punkte $X_\lambda \subset F_\lambda$ der Punkt $X_\mu \subset F_\mu$ entspricht, eine isometrische ist.*

Es seien X_λ und Y_λ zwei willkürliche Punkte der Fläche F_λ und γ_λ die sie verbindende Kürzeste. Es seien X_μ, Y_μ, γ_μ die entsprechenden Punkte und die entsprechende Kurve auf der Fläche F_μ. Schließlich seien X_0, Y_0, γ_0 und X_1, Y_1, γ_1 die entsprechenden Punkte und Kurven auf den Flächen F_0 und F_1.

Die Richtungen der Strecken, die die bei der Isometrie entsprechenden Punkte der Flächen F_0 und F_1 verbinden, bilden für genügend benachbarte Flächen F_1 und F_0 Winkel kleiner $\pi - \delta$, wobei $\delta > 0$ ist. Offensichtlich folgt hieraus, daß die Rektifizierbarkeit der Kurve γ_λ die Rektifizierbarkeit der Kurven γ_0, γ_1 nach sich zieht und folglich auch die von γ_μ. Wir bezeichnen mit $r_0(s)$, $r_1(s)$, $r_\lambda(s)$, $r_\mu(s)$ die Radienvektoren entsprechender Punkte der Kurven γ_0, γ_1, γ_λ und γ_μ (s ist der Bogen der Kurve γ_0). Die Vektorfunktionen $r_0(s)$ und $r_1(s)$ haben fast für alle s beschränkte Ableitungen. Deshalb besitzen diese Eigenschaft auch $r_\lambda(s) = \lambda r_0(s) + \mu r_1(s)$, $r_\mu(s) = \mu r_0(s) + \lambda r_1(s)$. Hieraus folgt, daß die Längen der Kurven γ_λ und γ_μ gleich sind

$$\int \sqrt{(r_\lambda'(s))^2}\, ds \quad \text{bzw.} \quad \int \sqrt{(r_\mu'(s))^2}\, ds.$$

Aber durch unmittelbare Kontrolle überzeugen wir uns, daß für fast alle s die unter den Integralen stehenden Funktionen dieser Integrale zusammenfallen. Hieraus folgt, daß die Integrale gleich sind. Weil γ_λ Kürzeste ist, bedeutet dies, daß der Abstand zwischen den Punkten X_λ und Y_λ auf F_λ nicht kleiner ist als der Abstand zwischen den Punkten X_μ und Y_μ auf F_μ. Analog wird gezeigt, daß auch umgekehrt der Abstand zwischen den Punkten X_μ und Y_μ auf F_μ nicht kleiner ist als der Abstand zwischen X_λ und Y_λ auf F_λ. Hieraus folgt, daß diese Abstände gleich sind, d. h. die Flächen F_λ und F_μ sind isometrisch. Die Behauptung ist bewiesen.

Wir drehen die Fläche F_μ mit einem kleinen Winkel ϑ um eine willkürliche Gerade und bezeichnen mit F_μ^ϑ die Fläche F_μ in dieser Lage. Wir konstruieren jetzt gemischte Flächen $F_{\lambda,\lambda_1}^\vartheta = \lambda_1 F_\lambda + \mu_1 F_\mu^\vartheta$ und $F_{\lambda,\mu_1}^\vartheta = \mu_1 F_\lambda + \lambda_1 F_\mu^\vartheta (\mu_1 = 1 - \lambda_1)$. Für eine genügende Nachbarschaft der Flächen F_1 und F_0 für λ und λ_1 nahe bei $\frac{1}{2}$ sowie für kleines ϑ sind $F_{\lambda,\lambda_1}^\vartheta$ und $F_{\lambda,\mu_1}^\vartheta$ isometrische konvexe Flächen, und die Abbildung der Flächen $F_{\lambda,\lambda_1}^\vartheta$ auf $F_{\lambda,\mu_1}^\vartheta$, für welche dem Punkte $X_{\lambda,\lambda_1}^\vartheta$ der Fläche $F_{\lambda,\lambda_1}^\vartheta$ der Punkt $X_{\lambda,\mu_1}^\vartheta$ der Fläche $F_{\lambda,\mu_1}^\vartheta$ entspricht, ist eine isometrische.

Der Beweis dieser Behauptung verläuft völlig analog dem Beweis des Satzes aus dem vorhergehenden Paragraphen. Wir werden ihn nicht in allen Details vorführen; wir zeigen vielmehr nur die Hauptetappen.

1. V_λ sei der Tangentialkegel der konvexen Fläche F_λ in einem willkürlichen Punkt X_λ und V_μ^ϑ sei der Tangentialkegel in dem bei der Isometrie entsprechenden Punkt X_μ^ϑ der Fläche F_μ^ϑ, Q ein Punkt, der im Innern der Fläche $F_{\left(\frac{1}{2}\right)}$ gelegen ist. Für genügend benachbarte F_1 und F_0, für λ, λ_1 nahe bei $\frac{1}{2}$, und für kleines ϑ sind dann die gemischten Kegel $V_{\lambda,\lambda_1}^\vartheta$ und $V_{\lambda,\mu_1}^\vartheta$ für alle X_λ konvex, und der Punkt Q befindet sich im Inneren dieser Kegel.

2. Jede der Mengen $F_{\lambda,\lambda_1}^\vartheta$ und $F_{\lambda,\mu_1}^\vartheta$ ist für genügend benachbarte Flächen F_1 und F_0, für λ, μ nahe bei $\frac{1}{2}$ und für kleines ϑ lokal konvex.

3. Für genügend benachbarte F_1 und F_0, für λ_1 und λ nahe bei $\frac{1}{2}$ und für kleines ϑ ist die Abbildung, für welche dem Punkte $X_0 \subset F_0$ der Punkt $X_{\lambda,\lambda_1}^\vartheta \subset F_{\lambda,\lambda_1}^\vartheta$ entspricht, ein Homöomorphismus.

4. Unter denselben Voraussetzungen bezüglich λ, λ_1, ϑ und für benachbarte F_1 und F_0 sind die Punktmengen $F_{\lambda,\lambda_1}^\vartheta$ und $F_{\lambda,\mu_1}^\vartheta$ geschlossene, isometrische, konvexe Flächen. Die Abbildung der ersten auf die zweite, für welche dem Punkte $X_{\lambda,\lambda_1}^\vartheta$ der Fläche $F_{\lambda,\lambda_1}^\vartheta$ der Punkt $X_{\lambda,\mu_1}^\vartheta$ der Fläche $F_{\lambda,\mu_1}^\vartheta$ entspricht, ist isometrisch.

KAPITEL V
ÜBER KONVEXE FLÄCHEN IN KANONISCHER LAGE

§ 1. Isometrische, konvexe Flächen in kanonischer Lage bezüglich der xy-Ebene

Zur Erleichterung der weiteren Überlegung führen wir die folgenden Begriffe ein:

Es sei F eine konvexe Fläche. Wir sagen, daß die Fläche F sich in *kanonischer Lage* bezüglich der xy-Ebene befindet, wenn sie sich eindeutig auf diese Ebene projizieren läßt und dieser mit ihrer konvexen Seite zugewandt ist; ferner die Stützebenen der Fläche mit der xy-Ebene Winkel kleiner $\vartheta_0 < \frac{\pi}{2}$ bilden.

Bezüglich zweier isometrischer Flächen F_0 und F_1 werden wir sagen, daß sie sich in *kanonischer Lage* befinden, wenn für sie die folgenden Bedingungen erfüllt sind:

1. Beide Flächen sind gleich orientiert, und jede von ihnen befindet sich in kanonischer Lage bezüglich der xy-Ebene.
2. Jede Strecke, die zwei willkürliche Punkte der einen Fläche miteinander verbindet, bildet mit der Strecke, welche die bei der Isometrie entsprechenden Punkte der zweiten Fläche verbindet, einen Winkel kleiner $\varphi_0 < \pi$. Insbesondere bilden die bei der Isometrie entsprechenden Richtungen auf den Flächen F_0 und F_1 Winkel kleiner φ_0.

3. Für alle λ, genügend nahe bei $\frac{1}{2}$, ist die Fläche $F_\lambda = \lambda F_0 + (1-\lambda) F_1$ konvex und befindet sich in kanonischer Lage bezüglich der xy-Ebene; ferner ist die Abbildung der Fläche F_0 auf die Fläche F_λ, für welche dem Punkte $X_0 \subset F_0$ der Punkt $X_\lambda = \lambda X_0 + (1-\lambda) X_1$ entspricht (X_1 ist der Punkt der Fläche F_1, der bei der Isometrie X_0 entspricht), ein Homöomorphismus.

Die Kurven γ_0 und γ_1 auf den Flächen F_0 und F_1, die sich in kanonischer Lage befinden, werden wir *abstandsgleich* (von der xy-Ebene) nennen, wenn sie bei der Isometrie der Flächen F_0 und F_1 einander entsprechen und die zugeordneten Punkte dieser Kurven sich in gleichem Abstand von der xy-Ebene befinden.

Abstandsgleiche Kurven γ_0 und γ_1 auf konvexen Flächen F_0 und F_1 in kanonischer Lage nennen wir normal, wenn für sie die folgenden Bedingungen erfüllt sind:

1. Die Kurven γ_0 und γ_1 sind von beschränkter Schwenkungsvariation und enthalten keine kanonischen Punkte der Flächen F_0 bzw. F_1.
2. Wenn der Punkt X der Kurve γ_i ($i = 0, 1$) ein Kantenpunkt der Fläche F_i ist, dann fällt die Richtung jeder Halbtangente der Kurve γ_i im Punkte X nicht mit der Richtung der Kante des berührenden Zweiflachwinkels in diesem Punkte zusammen.
3. Wenn X_0 ein willkürlicher Punkt der Kurve γ_0 ist und t_0 eine Halbtangente an die Kurve γ_0 in diesem Punkte, ferner X_1 und t_1 entsprechend Punkt und Halbtangente der Kurve γ_1 sind, dann ist der Winkel, der gebildet wird, von der Stützebene der Fläche F_0 im Punkte X_0, die durch die Halbgerade t_0 geht, größer als der Winkel, der gebildet wird von der Stützebene der Fläche F_1 im Punkte X, die durch die Halbgerade t_1 geht.

Wir betrachten gewisse Eigenschaften isometrischer konvexer Flächen, die sich in kanonischer Lage befinden.

F_0 und F_1 seien isometrische konvexe Flächen, die sich in kanonischer Lage befinden; γ_0 und γ_1 seien abstandsgleiche Normalkurven auf diesen Flächen; $\bar{\gamma}_0$ und $\bar{\gamma}_1$ seien ihre Projektionen auf die xy-Ebene. Dann ist die *Schwenkungsvariation der Kurve $\bar{\gamma}_\lambda$ — der Projektion der Kurve $\gamma_\lambda = \lambda\gamma_0 + (1-\lambda)\gamma_1$ auf die xy-Ebene — (bezüglich λ) gleichmäßig beschränkt für alle λ, genügend nahe bei $\frac{1}{2}$.*

Tatsächlich ist $\bar{\gamma}_\lambda = \lambda\bar{\gamma}_0 + (1-\lambda)\bar{\gamma}_1$. Es sei $\bar{\tau}_0(s)$ der Einheitsvektor der rechten Halbtangente an die Kurve $\bar{\gamma}_0$ in dem Punkte, der dem Bogen s entspricht. $\bar{\tau}_1(s)$ ist der Einheitsvektor der rechten Halbtangente in dem entsprechenden Punkte auf der Kurve $\bar{\gamma}_2$. Dann ist die Schwenkungsvariation der Kurve $\bar{\gamma}_0$ (entsprechend $\bar{\gamma}_1$) nichts anderes als die Variation der Vektorfunktion $\bar{\tau}_0(s)$ (entsprechend $\bar{\tau}_1(s)$), und die Schwenkungsvariation der Kurve $\bar{\gamma}_\lambda$ ist gleich der Variation der Vektorfunktion

$$\bar{\tau}_\lambda(s) = \frac{\lambda\bar{\tau}_0(s) + (1-\lambda)\bar{\tau}_1(s)}{|\lambda\bar{\tau}_0(s) + (1-\lambda)\bar{\tau}_1(s)|}$$

und folglich (bezüglich λ) gleichmäßig beschränkt, soweit $\bar{\tau}_0(s)$ und $\bar{\tau}_1(s)$ von beschränkter Variation sind und $|\lambda \bar{\tau}_0(s) + (1-\lambda)\bar{\tau}_1(s)|$ für keinen Wert λ und s gleich Null ist.

Wir legen durch die Kurve γ_λ auf der Fläche F_λ einen Zylinder Z_λ mit Erzeugenden, parallel zur z-Achse. Dann ist *für λ nahe bei $\frac{1}{2}$ die Schwenkungsvariation der Kurve γ_λ im Raum, auf der Fläche F_λ und auf dem Zylinder Z_λ (bezüglich λ) gleichmäßig beschränkt.*

Dies folgt aus der bezüglich λ gleichmäßigen Beschränktheit der Schwenkungsvariation von $\bar{\gamma}_\lambda$ und aus den Resultaten des § 3 Kap. II.

Es seien F_0 und F_1 isometrische konvexe Flächen, die sich in kanonischer Lage befinden. Dann *befinden sich für λ nahe bei $\frac{1}{2}$ die isometrischen konvexen Flächen F_λ und $F_{(1-\lambda)}$ auch in kanonischer Lage.*

Der Beweis dieser Behauptung wird auf die Kontrolle der Bedingungen zurückgeführt, welche die Flächen in kanonischer Lage befriedigen und ist ziemlich einfach. Wir bemerken nur, daß die Flächen $\lambda_1 F_\lambda + (1-\lambda_1) F_{(1-\lambda)}$ unter den Flächen F_λ enthalten sind.

Wir vereinbaren für das Weitere, λ nahe bei $\frac{1}{2}$ anzunehmen und bezeichnen $\mu = 1 - \lambda$.

F_0 und F_1 seien isometrische konvexe Flächen in kanonischer Lage; γ_0 und γ_1 seien abstandsgleiche Normalkurven auf ihnen. Dann sind die *Kurven γ_λ und γ_μ auf den Flächen F_λ und F_μ abstandsgleich und normal.*

Zum Beweis dieser Behauptung muß man kontrollieren, ob die Bedingungen 1—3 erfüllt sind, welche normale abstandsgleiche Kurven auf isometrischen konvexen Flächen in kanonischer Lage erfüllen müssen. Die Kontrolle dieser Bedingungen bereitet offensichtlich keine Mühe.

Es sei p_0 die Schwenkung der Kurve $\bar{\gamma}_0$ für ihr Stück Δ_0; p_1 und p_λ seien die Schwenkungen der Kurven $\bar{\gamma}_1$ und $\bar{\gamma}_\lambda$ auf entsprechenden Stücken Δ_1 und Δ_λ. Wenn dann $p_0 \neq p_1$, dann ist $\frac{\partial p_\lambda}{\partial \lambda} \neq 0$ und für $\lambda = \frac{1}{2}$ ist $\left|\frac{\partial p_\lambda}{\partial \lambda}\right| = 2\left|\operatorname{tg}\frac{\vartheta'}{2} - \operatorname{tg}\frac{\vartheta''}{2}\right|$, wobei ϑ' und ϑ'' die Winkel sind, um welche man die Halbtangenten an den Enden der Kurve Δ_0 bis zu ihrer Gleichrichtung mit den entsprechenden Halbtangenten an den Enden des Stückes Δ_1 drehen muß.

Der Beweis dieser Behauptung ist ziemlich einfach; wir lassen ihn weg.

F sei eine konvexe Fläche in kanonischer Lage bezüglich der xy-Ebene; γ sei eine Kurve beschränkter Variation auf der Fläche F. Die Zerteilung der Kurve γ in eine endliche Anzahl von Stücken Δ_i und δ_j werden wir eine ε-Unterteilung nennen, wenn die folgenden Bedingungen erfüllt sind:

1. Die Enden jedes Stücks Δ sind glatte Punkte der Fläche F;
2. die Stützebenen der Fläche F in zwei beliebigen Punkten jedes Stücks Δ bilden miteinander einen Winkel, der ε nicht übertrifft;

3. die rechten (linken) Halbtangenten der Kurve γ in zwei beliebigen Punkten jedes Stückes Δ bilden miteinander einen Winkel nicht größer als ε;
4. die Summe der Schwenkungsvariationen für die Kurve γ bezüglich aller Stücke δ auf der Fläche F, auf dem Zylinder Z, der die Kurve γ projiziert, ebenso auch die Summe der Schwenkungsvariationen der Stücke $\bar{\delta}$ auf der Kurve $\bar{\gamma}$, auf welche die Stücke δ der Kurve γ projiziert werden, ist höchstens ε.

Für beliebiges $\varepsilon > 0$ existiert eine ε-Unterteilung der Kurve γ in Stücke Δ und δ.

Tatsächlich hat jeder Punkt X der Kurve γ auf der Kurve eine Umgebung $\omega(X)$, so daß für die Stücke, in welche sie durch den Punkt X zerteilt wird, die Bedingungen 2 und 3 erfüllt sind. Nach einem bekannten Satz kann man aus der Menge der Umgebungen $\omega(X)$ eine endliche Bedeckung $\omega(X_1)$, $\omega(X_2)$, ..., $\omega(X_n)$ absondern. Die Punkte X_k und die Enden der Stücke $\omega(X_k)$ zerteilen die Kurve γ in eine endliche Anzahl offener Stücke, für welche die Bedingungen 2 und 3 erfüllt sind. Wir gehen jetzt von jedem Punkte dieser Zerteilung der Kurve γ in Stücke um ein so kleines Stück δ nach rechts und links, daß die Summe der Schwenkungsvariationen aller solcher Stücke im Sinne der Bedingung 4 kleiner als ε wird und daß die anderen Enden dieser Stücke glatte Punkte der Fläche F sind. Dabei erhalten wir eine Zerteilung der Kurve γ in Stücke δ, welche die Bedingung 4 befriedigen, und Reststücke. Wir bezeichnen mit Δ diejenigen, für welche die Bedingungen 1, 2, 3 erfüllt sind.

F_1 und F_2 seien isometrische konvexe Flächen in kanonischer Lage. γ_1 und γ_2 seien abstandsgleiche Normalkurven auf diesen Flächen. Dann *existieren für beliebiges $\varepsilon > 0$ bei der Isometrie zugeordnete ε-Zerteilungen der Kurven γ_1 und γ_2.*

Diese Behauptung wird analog der vorhergehenden bewiesen.

§ 2. *Approximation einer konvexen Fläche in kanonischer Lage bezüglich der xy-Ebene durch eine reguläre konvexe Fläche*

F sei eine konvexe Fläche in kanonischer Lage bezüglich der xy-Ebene; γ sei eine Kurve beschränkter Variation auf ihr, die keine konischen Flächenpunkte enthält, wobei für den Fall, daß der Punkt X der Kurve ein Kantenpunkt der Fläche ist, die Kantenrichtung des tangierenden Zweiflachwinkels im Punkte X mit keiner Halbtangente der Kurve γ im Punkte X zusammenfällt. Ferner möge es eine beliebige ε-Unterteilung der Kurve γ in Stücke Δ und δ (s. vorhergehender Paragraph) geben. Außerdem sei eine beliebige Richtung auf der Kurve gegeben, durch welche wir dem Ausdruck „rechts von der Kurve" einen genauen Sinn verleihen.

Mit Hilfe eines Satzes von W. A. Salgaller [3], zitiert in § 3 Kap. II, kann man unschwer zeigen, daß ein einfaches geodätisches Polygon $\bar{\gamma}$ auf der Fläche F existiert, das rechts von der Kurve γ gelegen ist und die folgenden Bedingungen befriedigt:

1. Das Polygon $\bar{\gamma}$ besteht aus Stücken $\bar{\Delta}$ und $\bar{\delta}$, ähnlich wie die Kurve γ aus den Stücken Δ und δ besteht.
2. Die Stützebenen der Fläche F in Punkten entsprechender Stücke Δ und $\bar{\Delta}$ bilden Winkel kleiner 2ε.
3. Die Halbtangenten (rechte oder linke) in Punkten entsprechender Stücke Δ und $\bar{\Delta}$ bilden Winkel kleiner 2ε.
4. Die rechten Schwenkungen zweier beliebiger entsprechender Stücke Δ und $\bar{\Delta}$ wie auch der Stücke δ und $\bar{\delta}$ auf den Kurven γ und $\bar{\gamma}$ unterscheiden sich um nicht mehr als ε' (ε' ist eine beliebig kleine, positive Zahl).
5. Die Variation der rechten Schwenkung des Polygons $\bar{\gamma}$ übertrifft nicht um mehr als ε die Variation der rechten Schwenkung der Kurve γ.
6. Die Ecken des Polygons $\bar{\gamma}$ sind glatte Punkte der Fläche F. Jedes Glied ist die einzige Kürzeste auf der Fläche, die ihre Enden verbindet.

Wir konstruieren jetzt genügend nahe bei F eine reguläre konvexe Fläche $\tilde{F}$ mit positiver Gaussscher Krümmung. Wir projizieren die Ecken des Polygons $\bar{\gamma}$ auf diese Fläche und verbinden die dabei erhaltenen Punkte auf der Fläche $\tilde{F}$ in derselben Reihenfolge wie die durch seine Glieder verbundenen entsprechenden Ecken des Polygons $\bar{\gamma}$. Das dabei erhaltene Polygon bezeichnen wir mit $\tilde{\gamma}'$, und seine Stücke, die den Stücken $\bar{\Delta}$ und $\bar{\delta}$ entsprechen, bezeichnen wir mit $\tilde{\Delta}'$ respektive $\tilde{\delta}'$.

Wenn die Fläche $\tilde{F}$ genügend nahe bei der Fläche F liegt, kann man für das Polygon $\tilde{\gamma}'$ auf der Fläche $\tilde{F}$ die folgenden Bedingungen für erfüllt halten:

1. Die Stützebenen der Fläche $\tilde{F}$ in den Punkten jedes Stücks $\tilde{\Delta}'$ bilden mit den Stützebenen der Fläche F in Punkten des entsprechenden Stücks $\bar{\Delta}$ Winkel kleiner 3ε.
2. Die Halbtangenten (rechte und linke) in Punkten entsprechender Stücke $\bar{\Delta}$ und $\tilde{\Delta}'$ der Polygone $\bar{\gamma}$ und $\tilde{\gamma}'$ bilden Winkel kleiner 3ε.
3. Die rechten Schwenkungen zweier beliebiger entsprechender Stücke $\bar{\Delta}$ und $\tilde{\Delta}'$ und auch die der Stücke $\bar{\delta}$ und $\tilde{\delta}'$ unterscheiden sich um nicht mehr als $2\varepsilon'$.
4. Die Variation der rechten Schwenkung des Polygons $\tilde{\gamma}'$ überschreitet nicht mehr als um $2\varepsilon'$ die Variation der rechten Schwenkung der Kurve $\bar{\gamma}$.

Alle diese Eigenschaften lassen sich leicht indirekt mittels Ausnutzung der folgenden Faktoren beweisen:

F sei eine konvexe Fläche und X ein Punkt auf ihr. F_n sei eine Folge konvexer Flächen, die nach F konvergiert. X_n sei ein Punkt auf der Fläche F_n und α_n sei eine Stützebene der Fläche F_n im Punkte X_n. Wenn dann für $n \to \infty$, $X_n \to X$ auch die Folge der Ebenen α_n gegen die Ebene α konvergiert, dann ist α Stützebene von F im Punkte X.

Von jeder Fläche F_n seien zwei Punkte X_n und Y_n vorgegeben, und γ_n sei die sie verbindende Kürzeste. Wenn dann X_n und Y_n für $n \to \infty$ gegen die Punkte X und Y auf F konvergieren, welche man durch nur eine Kürzeste verbinden kann, so konvergiert γ_n gegen γ.

Wenn der Punkt X auf der Fläche F glatt ist, dann konvergieren die Halbtangenten an die Kürzesten γ_n in den Punkten X_n gegen die Halbtangente an γ im Punkte X.

Wenn der Diameter des sphärischen Bildes der Kürzesten kleiner als η ist, dann sind die Winkel, gebildet durch die rechten Halbtangenten in zwei beliebigen Punkten dieser Kürzesten, kleiner als 3η.

Wir glätten das Polygon $\tilde{\gamma}'$ in den Ecken jedes Stückes $\tilde{\Delta}'$, so daß sich dabei die rechten Schwenkungen dieser Stücke wie auch die Variation der ganzen Kurve $\tilde{\gamma}'$ um nicht mehr als ε' ändern. Die dabei erhaltene Kurve und die Stücke, in welche sie zerteilt wird, bezeichnen wir entsprechend mit $\tilde{\gamma}$, $\tilde{\Delta}$ und $\tilde{\delta}$.

Wir projizieren die Kurven γ und $\tilde{\gamma}$ auf die xy-Ebene und bezeichnen die entsprechenden Projektionen mit γ_{xy} und $\tilde{\gamma}_{xy}$. Z und $\tilde{Z}$ sind die projizierenden Zylinder. Δ_{xy} und δ_{xy} sowie $\tilde{\Delta}_{xy}$ und $\tilde{\delta}_{xy}$ sind die Stücke der Kurven γ_{xy} und $\tilde{\gamma}_{xy}$, die den Stücken Δ und δ, $\tilde{\Delta}$ und $\tilde{\delta}$ der Kurven γ und $\tilde{\gamma}$ entsprechen.

Wir geben jetzt gewisse Beziehungen für die Schwenkung der regulären Kurve $\tilde{\Delta}$ auf der regulären Fläche $\tilde{F}$ an.

Für die Kurve γ auf F legen wir einen gewissen Umlaufsinn fest. Diesem Umlauf entspricht ein gewisser Umlauf der Kurve $\tilde{\gamma}$. Entsprechend wird der Begriff „rechts oder links liegen von der Kurve $\tilde{\gamma}$" definiert. Wir legen durch einen willkürlichen Punkt X der Kurve $\tilde{\Delta}$ die Tangentialebene an die Fläche $\tilde{F}$ und an den Zylinder $\tilde{Z}$ und bezeichnen sie mit σ bzw. σ_z. Die Tangente an die Kurve $\tilde{\Delta}$ im Punkte X zerteilt jede dieser Ebenen in zwei Halbebenen σ', σ'' und σ_z', σ_z''. Für die Definition von σ' gilt: sie ist jene der Halbebenen der Ebene σ, die im Punkte X die Fläche $\tilde{F}$ berührt und rechts von $\tilde{\Delta}$ gelegen ist; und für die Definition von σ_z' gilt: sie ist jene der beiden Halbebenen, die an den Teil des Zylinders $\tilde{Z}$ grenzt, der über der Kurve $\tilde{\Delta}$ gelegen ist.

Es sei $\tilde{p}$ die rechte Schwenkung der Kurve $\tilde{\Delta}$ auf der Fläche $\tilde{F}$; $\tilde{p}_1$ sei die Schwenkung der Kurve $\tilde{\Delta}$ auf dem Halbzylinder $\tilde{Z}_1$; $\tilde{\varkappa}$ und $\tilde{\varkappa}_1$ seien die geodätischen Krümmungen der Kurve $\tilde{\Delta}$ auf der Fläche $\tilde{F}$ und auf dem Zylinder $\tilde{Z}$. Ferner sei $\tilde{\beta}$ der Winkel, der von den Halbebenen σ' und σ_z'' gebildet wird; $\tilde{\alpha}$ sei der Winkel, der von der Hauptnormalen $\tilde{n}$ der Kurve $\tilde{\Delta}$ mit der Halbebene σ_z' gebildet wird (er wird positiv gerechnet, wenn die Normale $\tilde{n}$ in jene der von der Ebene σ_z bestimmten Halbräume gerichtet ist, wo die Halbebene σ' gelegen ist). Schließlich bezeichnen wir mit $\tilde{\tilde{p}}$ die rechte Schwenkung der Kurve $\tilde{\tilde{\Delta}}$, mit $\tilde{\gamma}_{xy}$ die Projektion der Kurve $\tilde{\gamma}$ auf die xy-Ebene, mit $\varkappa$ die Krümmung dieser Kurve und mit $\tilde{\varphi}$ den Winkel, der von der Tangente der Kurve $\tilde{\gamma}$ mit der xy-Ebene gebildet wird.

Die gewöhnliche Krümmung $\tilde{k}$ der Kurve $\tilde{\Delta}$ ist mit ihren geodätischen Krümmungen auf der Fläche $\tilde{F}$ und auf dem Zylinder $\tilde{Z}$ verknüpft, ebenso auch mit der Krümmung der Projektion $\bar{\tilde{\Delta}}$ dieser Kurve auf die xy-Ebene durch bekannte Beziehungen:

$$\tilde{k}\cos(\tilde{\alpha}+\tilde{\beta}) = -\tilde{\varkappa},$$

$$\tilde{k}\cos\tilde{\alpha} = \tilde{\varkappa}_1,$$

$$\tilde{k}\sin\tilde{\alpha} = \bar{\tilde{\varkappa}}\sin^2\tilde{\varphi}.$$

Aus diesen Beziehungen erhalten wir leicht:

$$\bar{\tilde{\varkappa}} = \frac{\tilde{\varkappa}_1\cos\tilde{\beta}+\tilde{\varkappa}}{\sin\tilde{\beta}\sin^2\tilde{\varphi}}.$$

Folglich ist

$$\bar{\tilde{p}} = \int\limits_{\tilde{\Delta}} \frac{\tilde{\varkappa}_1\cos\tilde{\beta}+\tilde{\varkappa}}{\sin\tilde{\beta}\sin^2\tilde{\varphi}}\, d\bar{\tilde{s}}.$$

Wir zeigen, daß

$$\frac{d}{d\beta}\bar{\tilde{\varkappa}} = -\frac{\tilde{\varkappa}_1+\tilde{\varkappa}\cos\tilde{\beta}}{\sin^2\tilde{\varphi}\sin^2\tilde{\beta}} < 0.$$

Tatsächlich ist

$$\tilde{\varkappa}_1+\tilde{\varkappa}\cos\tilde{\beta} = \tilde{k}(\cos\tilde{\alpha}-\cos\tilde{\beta}\cos(\tilde{\alpha}+\tilde{\beta})) = \frac{\tilde{k}}{2}\sin\tilde{\beta}\sin(\tilde{\alpha}+\tilde{\beta}).$$

Weil $\tilde{k}>0$, $0<\tilde{\beta}<\pi$, $0<\tilde{\alpha}+\tilde{\beta}<\pi$, so ist $\tilde{\varkappa}_1+\tilde{\varkappa}\cos\tilde{\beta}>0$.

Folglich

$$-\frac{\tilde{\varkappa}_1+\tilde{\varkappa}\cos\tilde{\beta}}{\sin^2\tilde{\varphi}\sin^2\tilde{\beta}} < 0.$$

Ähnlich wie für die Kurve $\tilde{\Delta}$ auf der Fläche $\tilde{F}$ führen wir analoge Größen für die Kurve Δ auf der Fläche F ein, und zwar:

p = Schwenkung der Kurve Δ auf der Fläche F;

p_1 = Schwenkung der Kurve Δ auf dem Zylinder Z, der die Kurve γ auf die xy-Ebene projiziert;

$\bar{p}$ = Schwenkung der Kurve $\bar{\Delta}$ — Projektion der Kurve Δ — auf der xy-Ebene;

β u. φ = Winkel, die von der Tangentialebene der Fläche F und der Tangente der Kurve γ in einem beliebigen, aber glatten Punkt der Fläche F des Stücks Δ mit der xy-Ebene gebildet werden.

Wir zeigen, daß

$$\sum_{(\Delta)} - \frac{p_1 + p \cos\beta}{\sin^2\varphi \sin^2\beta} \cos\varphi,$$

wobei die Summe über alle Stücke Δ bei der ε-Zerteilung der Kurve γ erstreckt wird, kleiner ist als eine beliebige, positive Zahl, wenn ε hinreichend klein ist.

Tatsächlich, wenn ε genügend klein ist, wird

$$\left| \sum_{(\Delta)} - \frac{p_1 + p \cos\beta}{\sin^2\varphi \sin^2\beta} \cos\varphi - \sum_{(\bar{\Delta})} - \frac{\bar{p}_1 + \bar{p} \cos\beta}{\sin^2\varphi \sin^2\beta} \cos\varphi \right|$$

beliebig klein, weil $|p_1 - \bar{p}_1|$ und $|p - \bar{p}|$ beliebig klein sind.

Ferner

$$\left| \sum_{(\bar{\Delta})} - \frac{\bar{p}_1 + \bar{p} \cos\beta}{\sin^2\varphi \sin^2\beta} \cos\varphi - \sum_{(\bar{\Delta})} - \int_{\bar{\Delta}} \frac{\bar{\varkappa}_1 + \bar{\varkappa} \cos\bar{\beta}}{\sin^2\bar{\varphi} \sin^2\bar{\beta}} \cos\bar{\varphi}\, d\bar{s} \right| =$$

$$= \left| \sum_{(\bar{\Delta})} - \int_{\bar{\Delta}} \frac{\bar{\varkappa}_1 + \bar{\varkappa} \cos\bar{\beta}}{\sin^2\varphi \sin^2\beta} \cos\bar{\varphi}\, d\bar{s} - \sum_{(\bar{\Delta})} - \int_{(\bar{\Delta})} \frac{\bar{\varkappa}_1 + \bar{\varkappa} \cos\bar{\beta}}{\sin^2\bar{\varphi} \sin^2\bar{\beta}} \cos\bar{\varphi}\, d\bar{s} \right|$$

ist ebenfalls beliebig klein, weil $|\varphi - \bar{\varphi}|$, $|\beta - \bar{\beta}|$ gemeinsam mit ε klein werden, und für $\sum_{(\bar{\Delta})} \int_{\bar{\Delta}} |\bar{\varkappa}_1|\, d\bar{s}$ und für $\sum_{(\bar{\Delta})} \int_{\bar{\Delta}} |\bar{\varkappa}|\, d\bar{s}$ kann man eine obere Schranke angeben, die nicht von ε abhängt.

Wir erinnern daran, daß

$$\frac{\bar{\varkappa}_1 + \bar{\varkappa} \cos\bar{\beta}}{\sin^2\bar{\varphi} \sin^2\bar{\beta}} < 0.$$

Daraus schließen wir, daß

$$\sum_{(\Delta)} - \frac{p_1 + p \cos\beta}{\sin^2\varphi \sin^2\beta} \cos\varphi$$

kleiner als eine beliebige positive Zahl ist, wenn ε hinreichend klein ist.

Es seien w, w' die Schwenkungen der Kurve $\bar{\gamma}$ auf den Stücken $\bar{\Delta}$ respektive $\bar{\delta}$ und w'' die Schwenkung im Punkte P dieser Kurve, der das gemeinsame Ende zweier Stücke der Unterteilung der Kurve $\bar{\gamma}$ ist. Dann wird die volle Schwenkung der Kurve $\bar{\gamma}$

$$\bar{p} = \sum_{(\bar{\Delta})} w + \sum_{(\bar{\delta})} w' + \sum_{(P)} w''.$$

Wir zeigen, daß sich für genügend kleines ε die Größe $\bar{p}$ beliebig wenig unterscheidet von

$$\sum_{(\Delta)} \frac{p_1 \cos\beta + p}{\sin\beta \sin^2\varphi} \cos\varphi + \sum_{(P)} w''.$$

Tatsächlich unterscheidet sich $\bar{p}$ beliebig wenig für genügend kleines ε' von

$$\sum_{(\tilde{\Delta})} \int_{\tilde{\Delta}} \frac{\tilde{\varkappa}_1 \cos\tilde{\beta} + \tilde{\varkappa}}{\sin\tilde{\beta} \sin^2\tilde{\varphi}} \cos\tilde{\varphi}\, d\tilde{s} + \sum_{(\tilde{\delta})} w' + \sum_{(P)} w''.$$

Ferner ist gemäß den Überlegungen, welche in der vorangehenden Betrachtung angestellt sind,

$$\left| \sum_{(\tilde{\Delta})} \int_{\tilde{\Delta}} \frac{\tilde{\varkappa}_1 \cos\tilde{\beta} + \tilde{\varkappa}}{\sin\tilde{\beta} \sin^2\tilde{\varphi}} \cos\tilde{\varphi}\, d\tilde{s} - \sum_{(\Delta)} \frac{p_1 \cos\beta + p}{\sin\beta \sin^2\varphi} \cos\varphi \right|$$

klein, wenn ε genügend klein ist. Was die Summe $\left|\sum_{(\tilde{\delta})} w'\right|$ betrifft, so wird auch sie klein gemeinsam mit ε. *Also unterscheidet sich* $\bar{p}$ *beliebig wenig von*

$$\sum_{(\Delta)} \frac{p_1 \cos\beta + p}{\sin\beta \sin^2\varphi} \cos\varphi + \sum_{(P)} w''.$$

§ 3. *Über abstandsgleiche Kurven isometrischer, konvexer Flächen in kanonischer Lage*

F_0 und F_1 seien isometrische konvexe Flächen in kanonischer Lage bezüglich der xy-Ebene; γ_0 und γ_1 seien abstandsgleiche Normalkurven auf diesen Flächen. Wir konstruieren die isometrischen Flächen F_λ und F_μ (λ nahe bei $\frac{1}{2}$, $\mu = 1 - \lambda$) sowie die Kurven γ_λ und γ_μ auf ihnen. Wie vorher gezeigt wurde (§ 1), befinden sich die konvexen Flächen F_λ und F_μ in kanonischer Lage, und die Kurven γ_λ und γ_μ sind abstandsgleiche Normalkurven.

Wir unterziehen beide Kurven γ_λ und γ_μ ε-Unterteilungen Δ_λ, δ_λ sowie Δ_μ, δ_μ, so daß die Stücke Δ_λ und Δ_μ, δ_λ und δ_μ gemäß Isometrie zugeordnet sind. Wir führen jetzt für die Fläche F_λ, ähnlich wie dies für die Fläche F im vorhergehenden Paragraphen gemacht wurde, folgende Bezeichnungen ein:

p_λ = Schwenkung der Kurve Δ_λ auf der Fläche F_λ;

$p_{1\lambda}$ = Schwenkung der Kurve Δ_λ auf dem Zylinder Z_λ, der die Kurve γ_λ auf die xy-Ebene projiziert;

β_λ u. φ_λ = Winkel mit der xy-Ebene, gebildet von der Tangentialebene der Fläche F_λ und der Tangente an die Kurve Δ_λ in einem beliebigen Punkt der Kurve Δ_λ, der ein glatter Punkt der Fläche F_λ ist;

w_λ u. w'_λ = Schwenkungen der Stücke $\bar{\Delta}_\lambda$ und $\bar{\delta}_\lambda$ der Kurve $\bar{\gamma}_\lambda$ — der Projektion der Kurve γ_λ auf die xy-Ebene —, die den Stücken Δ_λ und δ_λ der Kurve γ_λ entsprechen.

w'' = Schwenkung der Kurve $\bar{\gamma}_\lambda$ im Punkte $\bar{P}_\lambda$; dieser ist das Ende zweier Strecken der Unterteilung der Kurve $\bar{\gamma}_\lambda$.

Analoge Bezeichnungen führen wir für die Fläche F_μ und die Kurve γ_μ auf ihr ein.

Die Kurven γ_0 und γ_1 seien geschlossene JORDAN-Kurven. Wir zeigen, *daß alle Punkte dieser Kurven glatte Punkte der Flächen F_0 bzw. F_1 sind.*

Wir nehmen an, der Punkt P_0 der Kurve γ_0 sei ein Kantenpunkt der Fläche F_0. Dann ist jeder Punkt $P_{0\lambda}$ auf der Fläche F_λ und $P_{0\mu}$ auf der Fläche F_μ auch ein Kantenpunkt. Entsprechende Punkte $\bar{P}_{0\lambda}$ und $\bar{P}_{0\mu}$ der Kurve $\bar{\gamma}_\lambda$ und $\bar{\gamma}_\mu$ sind ganz sicher Eckpunkte. Es seien $w''_{0\lambda}$ und $w''_{0\mu}$ die Schwenkungen in den Punkten $\bar{P}_{0\lambda}$ und $\bar{P}_{0\mu}$ der Kurven $\bar{\gamma}_\lambda$ und $\bar{\gamma}_\mu$. Dann ist $w''_{0\lambda} > w''_{0\mu}$ $(\lambda < \mu)$.

Mehr noch, für $\lambda \to 1/2$ strebt das Verhältnis

$$\frac{w''_{0\mu} - w''_{0\lambda}}{\mu - \lambda}$$

gegen einen bestimmten negativen Grenzwert ω_0.

Weil die Kurven $\bar{\gamma}_\lambda$ und $\bar{\gamma}_\mu$ geschlossen sind, ist die Schwenkung einer jeden gleich 2π.

Andererseits unterscheiden sich für genügend kleines ε diese Schwenkungen beliebig wenig von

$$\sum_{(\Delta_\lambda)} \frac{p_{1\lambda} \cos\beta_\lambda + p_\lambda}{\sin\beta_\lambda \sin^2\varphi_\lambda} \cos\varphi_\lambda + \sum_{(\bar{P}_\lambda)} w''_\lambda$$

und

$$\sum_{(\Delta_\mu)} \frac{p_{1\mu} \cos\beta_\mu + p_\mu}{\sin\beta_\mu \sin^2\varphi_\mu} \cos\varphi_\mu + \sum_{(\bar{P}_\mu)} w''_\mu .$$

Deshalb kann man für fixierte λ und μ ein beliebig kleines ε nehmen, so daß der absolute Betrag des Ausdrucks

$$R = \sum_{(\Delta_\lambda, \Delta_\mu)} \frac{1}{\mu - \lambda} \left(\frac{p_{1\mu} \cos\beta_\mu + p_\mu}{\sin\beta_\mu \sin^2\varphi_\mu} \cos\varphi_\mu - \frac{p_{1\lambda} \cos\beta_\lambda + p_\lambda}{\sin\beta_\lambda \sin^2\varphi_\lambda} \cos\varphi_\lambda \right) + \\ + \sum_{(\bar{P}_\lambda, \bar{P}_\mu)} \frac{w''_\mu - w''_\lambda}{\mu - \lambda}$$

beliebig klein wird.

Aber es ist

$$\frac{\cos\beta_\mu}{\sin\beta_\mu}=\frac{\cos\beta_\lambda}{\sin\beta_\lambda}-(\mu-\lambda)\left(\frac{1}{\sin^2\beta_\lambda}+\xi_1\right),$$

$$\frac{1}{\sin\beta_\mu}=\frac{1}{\sin\beta_\lambda}-(\mu-\lambda)\left(\frac{\cos\beta_\lambda}{\sin^2\beta_\lambda}+\xi_2\right),$$

wobei ξ_1 und ξ_2 beliebig klein sind, wenn λ nahe bei $\frac{1}{2}$. Weil $p_{1\lambda}=p_{1\mu}$, $p_\lambda=p_\mu$, $\varphi_\lambda=\varphi_\mu$, $\sum\limits_{\Delta_\lambda}|p_{1\lambda}|$ und $\sum\limits_{\Delta_\lambda}|p_\lambda|$ gleichmäßig bezüglich λ beschränkt sind, unterscheidet sich der Ausdruck

$$\sum_{(\Delta_\lambda,\,\Delta_\mu)}\frac{1}{\mu-\lambda}\left(\frac{p_{1\mu}\cos\beta_\mu+p_\mu}{\sin\beta_\mu\sin^2\varphi_\mu}\cos\varphi_\mu-\frac{p_{1\lambda}\cos\beta_\lambda+p_\lambda}{\sin\beta_\lambda\sin^2\varphi_\lambda}\cos\varphi_\lambda\right)$$

für λ nahe bei $\frac{1}{2}$ beliebig wenig von der Summe

$$\sum_{(\Delta_\lambda)}-\frac{p_{1\lambda}+p_\lambda\cos\beta_\lambda}{\sin^2\beta_\lambda\sin^2\varphi_\lambda}\cos\varphi_\lambda,$$

welche, wie im vorhergehenden Paragraphen gezeigt wurde, für genügend kleines ε kleiner als eine beliebige positive Zahl ist. Was die Summe

$$\sum_{(P_\lambda,\,P_\mu)}\frac{w_\mu''-w_\lambda''}{\mu-\lambda}$$

betrifft, so sind bei ihr alle Summanden nicht größer als Null, wobei, wenn ε genügend klein ist, so daß die Punkte $P_{0\lambda}$ und $P_{0\mu}$ zu den Punkten der Unterteilung der Kurven γ_λ und γ_μ in Stücke gehören und λ nahe bei $\frac{1}{2}$ liegt, wenigstens ein Summand, nämlich jener, welcher den Punkten $P_{0\lambda}$ und $P_{0\mu}$ entspricht, offenkundig kleiner als $\frac{\omega_0}{2}$ ist.

Hieraus folgt, daß für genügend kleines ε und λ nahe bei $\frac{1}{2}$ der absolute Betrag des Ausdrucks R nicht beliebig klein sein kann. Wir sind zu einem Widerspruch gekommen. Daher sind alle Punkte der Kurven γ_0 und γ_1 auf den Flächen F_0 und F_1 glatte Punkte, und glatt sind auch die Kurven γ_0 und γ_1 selbst.

Wir zeigen jetzt, daß die *Kurven γ_0 und γ_1 auf den Flächen F_0 und F_1 nicht geschlossen sein können.*

Ohne Beschränkung der Allgemeinheit kann man annehmen, daß in den ε-Zerteilungen der Kurven γ_λ und γ_μ keine Stücke δ_λ und δ_μ vorkommen. Für $\varepsilon\to 0$

konvergiert der oben eingeführte Ausdruck R gegen 0, und in der Grenze kann er dargestellt werden mit Hilfe des STIELTJESschen Integrals

$$\frac{1}{\mu-\lambda}\left\{\int\frac{dp_{1\mu}\cdot\cos\beta_\mu+dp_\mu}{\sin\beta_\mu\sin^2\varphi_\mu}\cos\varphi_\mu-\int\frac{dp_{1\lambda}\cos\beta_\lambda+dp_\lambda}{\sin\beta_\lambda\sin^2\varphi_\lambda}\cos\varphi_\lambda\right\}=0\,.$$

Hieraus schließen wir, ebenso wie bei der vorhergehenden Überlegung, daß der Ausdruck

$$-\int\limits_{(\gamma_\lambda)}\frac{dp_{1\lambda}+dp_\lambda\cos\beta_\lambda}{\sin^2\beta_\lambda\sin^2\varphi_\lambda}\cos\varphi_\lambda$$

einen beliebig kleinen absoluten Betrag hat. Und weil dieses Integral, genommen über einen beliebigen Teil der Kurve γ_λ, ein und dasselbe Vorzeichen hat, ist es deshalb klein für ein beliebiges Stück dieser Kurve, wobei es beliebig klein ist, wenn λ nahe bei $\frac{1}{2}$ liegt. Auf diese Weise wird für zwei beliebige entsprechende Stücke m_λ und m_μ der Kurven γ_λ und γ_μ für λ hinreichend nahe bei $\frac{1}{2}$

$$\frac{1}{\mu-\lambda}\left\{\int\limits_{(m_\mu)}\frac{dp_{1\mu}\cdot\cos\beta_\mu+dp_\mu}{\sin\beta_\mu\sin^2\varphi_\mu}\cos\varphi_\mu-\int\limits_{(m_\lambda)}\frac{dp_{1\lambda}\cos\beta_\lambda+dp_\lambda}{\sin\beta_\lambda\sin^2\varphi_\lambda}\cos\varphi_\lambda\right\}$$

beliebig klein. Und weil

$$\int\limits_{(m_\mu)}\frac{dp_{1\mu}\cos\beta_\mu+dp_\mu}{\sin\beta_\mu\sin^2\varphi_\mu}\cos\varphi_\mu \quad \text{und} \quad \int\limits_{(m_\lambda)}\frac{dp_{1\lambda}\cos\beta_\lambda+dp_\lambda}{\sin\beta_\lambda\sin^2\varphi_\lambda}\cos\varphi_\lambda$$

nichts anderes als die Schwenkungen der Projektionen der Stücke m_μ und m_λ der Kurven γ_μ und γ_λ sind, so ist dies, wie im Paragraphen 1 des gegenwärtigen Kapitels gezeigt wurde, nur in dem Falle möglich, wenn die Kurven $\overline{\gamma}_\lambda$ und $\overline{\gamma}_\mu$ in entsprechenden Stücken die gleichen Schwenkungen haben, d. h. wenn diese Kurven kongruent sind.

Aus der Kongruenz der Kurven $\overline{\gamma}_0$ und $\overline{\gamma}_1$ folgt sofort die Kongruenz der Kurven γ_0 und γ_1.

Durch Drehung der Fläche F_1 um eine Achse parallel zur z-Achse legen wir die Kurven γ_1 und γ_0 zusammen. Insofern dabei die Tangentialebenen der Fläche F_0 längs der Kurve γ_0 mit der xy-Ebene Winkel bilden, die größer sind als die der Tangentenebenen der Fläche F_1, ist die Krümmung jenes Teils der Fläche F_0, welcher durch die Kurve γ_0 berandet wird, wesentlich größer als die des entsprechenden Teils der Fläche F_1. Dies ist jedoch unmöglich, weil diese Stücke der Flächen sich isometrisch entsprechen. Daher können die Kurven γ_0 und γ_1 nicht geschlossen sein.

KAPITEL VI

DIE FLÄCHE Ω UND IHRE EBENEN SCHNITTE

§ 1. *Über die ebenen Schnitte der Fläche Ω*

F_0 und F_1 seien isometrische konvexe Flächen in kanonischer Lage bezüglich der xy-Ebene (siehe § 1 Kap. V). Es sei $r_0(X)$ der Radiusvektor eines willkürlichen Punktes X der Fläche F_0 und $r_1(X)$ der Radiusvektor des bei der Isometrie entsprechenden Punktes der Fläche F_1. Wir bezeichnen mit $\bar{F}$ die gemischte Fläche, gegeben durch die Gleichung

$$r = \frac{1}{2}(r_0(X) + r_1(X)) = \bar{r}(X).$$

Wir spiegeln die Fläche F_1 an der xy-Ebene. Es sei $r_1^*(X)$ der Radiusvektor des Punktes der Fläche F_1^*, des Spiegelbildes der Fläche F_1, welcher dem Punkte X der Fläche F_0 entspricht. Die durch die Gleichung

$$r = \frac{1}{2}(r_0(X) + r_1^*(X)) = r(X)$$

gegebene Fläche werden wir eine Fläche Ω nennen. In diesem Kapitel betrachten wir ebene Schnitte dieser Fläche.

Durch Geraden, parallel zur z-Achse, wird die Fläche $\bar{F}$ eindeutig auf die Fläche Ω projiziert, wobei dem Punkte $\bar{r}(X)$ der Fläche $\bar{F}$ der Punkt $r(X)$ der Fläche Ω entspricht. Wenn der Punkt $\bar{r}(X)$ auf $\bar{F}$ ein glatter oder Kantenpunkt ist, dann ist der ihm entsprechende Punkt $r(X)$ auf Ω glatt oder kantig. Tatsächlich müssen die entsprechenden Punkte $r_0(X)$ und $r_1(X)$ auf F_0 und F_1 entweder glatt sein oder kantig, wobei, wenn sie beide kantig sind, die Richtungen der Kanten sich bei der Isometrie entsprechen müssen.

Die Menge U jener Punkte der Fläche Ω, welche den konischen Punkten der Fläche $\bar{F}$ entsprechen, ist nicht größer als abzählbar. Deshalb enthalten fast alle Ebenen, die die Fläche Ω schneiden, keine solchen Punkte.

Es sei α eine Ebene, welche die Fläche Ω schneidet und überhaupt keine Punkte der Menge U enthält. Wir sagen, daß die Ebene α die Fläche Ω *wesentlich schneidet* oder daß sie nirgends diese Fläche berührt, wenn in jedem glatten Punkt der Fläche Ω, der in der Ebene α liegt, die Tangentialebene nicht mit α zusammenfällt und in Kantenpunkten die Ebene α entweder das Zweiflach zerteilt oder seine Kante schneidet.

In diesem Paragraphen zeigen wir, daß *fast alle Ebenen α, welche die Fläche Ω schneiden, sie wesentlich schneiden.*

Wir führen den Begriff der *Dicke* eines Stückes der Fläche Ω auf folgende Weise ein: Es sei ω ein Stück der Fläche Ω, P und Q seien zwei Punkte derselben, wobei der Punkt P und der über ihm gelegene Punkt der Fläche $\bar{F}$ nicht konisch seien. Dies bedeutet, daß die Punkte auf F_0 und F_1, die P entsprechen, entweder beide glatt oder der eine glatt, der andere kantig sind oder schließlich beide kantig, wobei sich die Richtungen der Kanten bei der Isometrie entsprechen. Wir legen durch den Punkt P die Tangentialebene α, wenn P ein glatter Punkt ist. Wenn aber der Punkt P kantig ist, dann legen wir die Ebene α durch die Kante des tangierenden Zweiflachwinkels im Punkte P, so daß die Flächen des Winkels durch diese Ebene nicht zerteilt werden. Es sei $d_\alpha(P, Q)$ der Abstand des Punktes Q von der Ebene α. Unter der Dicke d_ω des Stückes ω werden wir die obere Grenze der Werte $d_\alpha(P, Q)$ für alle möglichen P, Q und α verstehen, die den angegebenen Bedingungen genügen.

Wir konstruieren eine Zerteilung der Fläche Ω in Stücke ω auf die folgende Weise: Wir werden zuerst die xy-Ebene in kleine Quadrate mit der Seite δ zerteilen und danach das Netz solcher Quadrate auf die Fläche Ω durch Geraden, parallel der z-Achse, projizieren. Analog projizieren wir dieselben Quadrate auf die Fläche $\bar{F}$. Wir werden mit ω_P das Stück der Fläche Ω bezeichnen, das die Projektion des Quadrates mit dem Zentrum P ist. Ferner werden wir mit $\bar{\omega}_P^k$ das Stück der Fläche $\bar{F}$ bezeichnen, welches die Projektion des Quadrates mit dem Zentrum P und der Seite $k\delta$ ist.

Wir zeigen, daß man *für genügend großes, aber festes k ein beliebig kleines $\varepsilon > 0$ angeben kann, so daß für $\delta < \varepsilon$ $d_{\omega_P} < \lambda d_{\bar{\omega}_P^k}$ für alle P wird (Zentren der Quadrate der Zerteilung der xy-Ebene), wobei man λ als unabhängig von δ annehmen kann.*

Gegeben sei ein Kreiskegel K_φ mit einem Öffnungswinkel $\pi - \varphi$, wobei φ genügend klein ist. Ein solcher Kegel liegt nahe einer Ebene.

Es sei $\eta > 1$. Dann kann man für jedes Stück ω_P solche Punkte X und Y auf ihm und eine Ebene α angeben, so daß $\eta d_\alpha(X, Y) \geqslant d_{\omega_P}$.

Wir zerteilen alle Stücke ω_P in zwei Klassen auf folgende Art: $\bar{X}_P$ und X_P seien die Punkte auf $\bar{F}$ und Ω, welche in das Zentrum des Quadrates P projiziert werden. Wir legen durch den Punkt $\bar{X}_P$ eine beliebige Stützebene an $\bar{F}$, und den Kegel K_φ plazieren wir so, daß seine Achse mit der Normalen zur Stützebene zusammenfällt und daß die Spitze im Punkte $\bar{X}_P$ liegt und der Kegel auf derselben Seite der Stützebene liegt, wo sich auch die Fläche $\bar{F}$ befindet. Wenn dabei kein einziger Punkt des Stückes $\bar{\omega}_P^{2k}$ ins Innere des Kegels K_φ fällt, dann legen wir das Stück ω_P in die erste Klasse. Wenn auch nur ein Punkt des Stückes $\bar{\omega}_P^{2k}$ ins Innere des Kegels K_φ gerät, so legen wir das Stück ω_P in die zweite Klasse.

Offensichtlich ist, wenn das Stück ω_P der zweiten Klasse angehört, $d_{\bar{\omega}_P^k} > c\,\delta$, wobei $c > 0$ und als unabhängig von δ angenommen werden kann. Und weil $d_{\omega_P} < c'\delta$ (c' kann als unabhängig von δ angenommen werden), kann für die Stücke ω_P der zweiten Klasse ein konstantes λ angegeben werden, unabhängig von δ, so daß

$$d_{\omega_P} < \lambda d_{\bar{\omega}_P^k}.$$

Jetzt wenden wir uns zu Stücken ω_P aus der ersten Klasse. Auf den Flächen F_0 und F_1 entsprechen dem Stück $\bar{\omega}_P^{2k}$ die Stücke $\omega_P'^{2k}$ und $\omega_P''^{2k}$. Aus der

Zugehörigkeit des Stückes ω_P zur ersten Klasse folgt, daß das sphärische Bild des Stückes $\overline{\omega}_P^k$ mit φ klein wird. Hieraus folgt seinerseits, daß das sphärische Bild der Stücke $\omega_P'^k$ und $\omega_P''^k$ ebenfalls klein ist.

X_P' sei ein willkürlicher Punkt des Stückes $\omega_P'^k$, dem auf der Fläche $\bar{F}$ kein konischer Punkt $\bar{X}_P$ entspricht. Y_P' sei ein anderer Punkt dieses Stückes. Wir verbinden die Punkte X_P' und Y_P' auf F_0 durch die Kürzeste γ_0. X_P'' und Y_P'' seien die bei der Isometrie entsprechenden Punkte und γ_1 sei Kürzeste auf der Fläche F_1. Die Vektoren $\overline{X_P' Y_P'}$ und $\overline{X_P'' Y_P''}$ lassen die folgende Darstellung zu:

$$\overline{X_P' Y_P'} = \tau_0 s + \nu_0, \quad \overline{X_P'' Y_P''} = \tau_1 s + \nu_1,$$

wobei τ_0 und τ_1 die tangentialen Einheitsvektoren der Kürzesten γ_0 und γ_1 in den Punkten X_P' und X_P'' sind. s ist die Länge der Kürzesten γ_0 und γ_1 (s. § 1 Kap. III). Wir legen durch den Punkt $\bar{X}_P$ die Stützebene an $\bar{F}$, die den Vektor $\tau_0 + \tau_1$ enthält. Der Punkt $\bar{Y}_P$ ist von der Ebene um eine Größe von der Ordnung $|\nu_0| + |\nu_1|$ entfernt. Wenn man eine beliebige andere Stützebene im Punkte $\bar{X}_P$ nimmt, so kann dieser Abstand größer werden um eine Größe von der Ordnung $\bar{\psi}\chi s$, wobei $\bar{\psi}$ der Winkel ist, der den Winkel zwischen den Grenzstützebenen der Fläche $\bar{F}$ im Punkte $\bar{X}_P$ zu π ergänzt, und χ der Winkel, der durch die Richtung τ_0 mit der Kante der Fläche F_0 gebildet wird oder, was dasselbe ist, der Winkel zwischen der Richtung τ_1 und der Kante der Fläche F_1 im Punkte X_P'' (diese Winkel sind deshalb gleich, weil die Richtungen der Kanten in den Punkten X_P' und X_P'' isometrisch entsprechend sind). So wird

$$d(\bar{X}_P, \bar{Y}_P) \geqslant \bar{\mu}(|\nu_0| + |\nu_1| + \bar{\psi}\chi s).$$

Wir betrachten jetzt ein Stück ω_P^k der Fläche Ω. Der Abstand des Punktes Y_P (der $\bar{Y}_P$ auf $\bar{F}$ entspricht) von der Fläche des Tangentenzweiflachs im Punkte X_P (der $\bar{X}_P$ entspricht) ist nicht größer als $|\nu_0| + |\nu_1|$. Wenn man an Stelle der Fläche des Zweiflachs eine beliebige Ebene nimmt, die durch dessen Kante hindurchgeht und die die Flächen nicht trennt, so kann der Abstand des Punktes Y_P von einer solchen Ebene größer als $|\nu_0| + |\nu_1|$ um eine Größe von der Ordnung $\psi\chi s$ sein, wobei ψ der Winkel ist, um welchen man eine der Flächen des Zweiflachs drehen muß, um diesen auf die Ebene abzuwickeln, und χ und s die früheren Bedeutungen haben. Hieraus folgt, daß

$$d(X_P, Y_P) \leqslant \mu(|\nu_0| + |\nu_1| + \psi\chi s).$$

Weil $\psi \leqslant m\bar{\psi}$ (m ist eine Konstante, die nicht von δ abhängig ist), so ist $\lambda d_{\overline{\omega}_P^k} \geqslant d_{\omega_P^k} \geqslant d_{\omega_P}$ für Stücke ω_P der zweiten Klasse. Die Behauptung ist vollständig bewiesen.

Jetzt schätzen wir $d_{\overline{\omega}_P^k}$ ab. $\bar{X}$ und $\bar{Y}$ seien zwei willkürliche Punkte von $\overline{\omega}_P^k$. Wir legen durch sie einen ebenen Schnitt $\bar{\gamma}$, parallel zur z-Achse. Es sei $\bar{d}(\bar{X}, \bar{Y})$ der Abstand des Punktes $\bar{Y}$ von der Stützgeraden an $\bar{\gamma}$ im Punkte $\bar{X}$ in Richtung der z-Achse, und $\bar{d}_{\bar{\omega}_P^k}$ sei die obere Grenze solcher Größen. Offensichtlich ist $\bar{d}_{\bar{\omega}_P^k} \geqslant d_{\bar{\omega}_P^k}$. Es genügt daher $\bar{d}_{\bar{\omega}_P^k}$ abzuschätzen.

Wir definieren eine Dicke $d^*_{\bar{\omega}_P^s}$ des Stückes $\bar{\omega}_P^s$ durch die Gleichung $d^*_{\bar{\omega}_P^s} = \sup \bar{d}(\bar{X}, \bar{Y})$ mit der Bedingung, daß $\bar{X}$ und $\bar{Y}$ dem Stück $\bar{\omega}_P^s$ angehören und in die Ecken der in Quadrate zerlegten xy-Ebene projiziert werden.

Es sei l eine große, aber fixierte Zahl. Wir zeigen, daß $d^*_{\bar{\omega}_P^{kl}} \geqslant \lambda' \bar{d}_{\bar{\omega}_P^k}$, wobei λ' eine Konstante ist, die weder von δ noch von P abhängig ist.

Wir legen durch den Punkt P der xy-Ebene $2\,(2t+1)$ Halbgeraden unter gleichen Winkeln. Wir numerieren die dadurch erhaltenen $2(2t+1)$ Winkel in der Reihenfolge ihrer Anordnung.

Wir definieren jetzt auf dem Stück $\bar{\omega}_P^{kl}$ eine Menge M durch die folgenden Bedingungen:

1. Zur Menge M gehört ein Punkt $\bar{X}$ des Stückes $\bar{\omega}_P^k$, für den ein Punkt $\bar{Y}$ auf demselben Stück so existiert, daß $\bar{d}(\bar{X}, \bar{Y}) \geqslant \frac{1}{2}\bar{d}_{\bar{\omega}_P^k}$.
2. Zur Menge M gehören alle jene Punkte auf dem Rand des Stückes $\bar{\omega}_P^{kl}$, welche in die Ecken der Quadrate der in Quadrate zerlegten xy-Ebene projiziert werden, die in den geraden Winkeln der oben konstruierten Zerteilung der xy-Ebene gelegen sind.

Wir bilden die konvexe Hülle der Punktmenge M. Diese ist ein konvexes Polyeder. Wir bezeichnen mit Q jenen Teil desselben, der der xy-Ebene zugewandt ist. Die einzige Ecke des Polyeders Q kann nur der Punkt $\bar{X}$ sein. Es sei $\bar{Y}'$ der Punkt des Polyeders Q, der über $\bar{Y}$ gelegen ist. Offensichtlich ist $\bar{d}_{\bar{F}}(\bar{X}, \bar{Y}) \leqslant \bar{d}_Q(\bar{X}, \bar{Y}')$. Wenn ferner A und B zwei Punkte von M sind und wenn die sie verbindende ebene Kurve im Innern des Stückes $\bar{\omega}_P^k$ verläuft, dann ist $d^*_{\bar{F}}(A, B) \geqslant d^*_Q(A, B)$.

Das Polyeder kann auf den Polyederwinkel V im Punkte $\bar{X}$ abgewickelt werden. Wenn dabei die Zahlen k, l und t der Ungleichung $k <<< t <<< l$ unterworfen sind, so bleibt der Teil des Polyeders Q, auf welches das Stück $\bar{\omega}_P^k$ projiziert wird, unbewegt. Bei dem Übergang vom Polyeder Q zum Polyederwinkel V werden wir haben:

$$\bar{d}_Q(\bar{X}, \bar{Y}') = \bar{d}_V(\bar{X}, \bar{Y}'), \quad d^*_Q(A', B') \geqslant d^*_V(A'', B''),$$

wobei A'' und B'' Punkte des Winkels V sind, die unter den Punkten A' und B' gelegen sind. Auf dem Winkel V kann man offensichtlich ein Punktepaar A'' und B'' aus der Zahl der zulässigen angeben, für welche gilt $\bar{d}_V(\bar{X}, \bar{Y}') \leqslant \lambda'' d^*_V(A'', B'')$. Hieraus folgt, daß für $k <<< l$ eine Konstante λ' angegeben werden kann, unabhängig von δ und P derart, daß $d^*_{\bar{\omega}_P^{kl}} \geqslant \lambda' d_{\bar{\omega}_P^k}$.

Wir schätzen jetzt $\sum\limits_P d^*_{\overline{\omega}_P}{}_{kl}$ ab. Wir haben

$$\sum_P d^*_{\overline{\omega}_P}{}_{kl} \leqslant \sum_{(\bar{X},\bar{Y})} d^*(\bar{X},\bar{Y}),$$

wobei die Summenbildung auf alle Punktepaare $\bar{X}$ und $\bar{Y}$ ausgedehnt wird, die in die Ecken der Quadrate der xy-Ebene projiziert werden, wobei der Abstand zwischen diesen Ecken kleiner $2kl\delta$ ist. Zur Abschätzung der rechtsstehenden Summe bemerken wir, daß, wenn die Punkte $\bar{X}_1, \bar{X}_2, \ldots, \bar{X}_n$ in einer Vertikalebene liegen (einer Ebene parallel der z-Achse), dann $\sum d^*(\bar{X}_k, \bar{X}_j) < c\delta$, wobei man annehmen kann, daß c nicht von δ abhängt. Hieraus folgt, daß für feste k und l die Summe

$$\sum_{(\bar{X},\bar{Y})} d^*(\bar{X};\bar{Y})$$

durch eine Konstante beschränkt ist, die nicht von δ abhängt. Dies bedeutet nun, daß

$$\sum_P \omega_P$$

auch beschränkt ist durch eine gewisse Konstante, die nicht von δ abhängt.

Wir schätzen jetzt das Maß der Menge solcher Ebenen ab, für welche die Bedingungen eines wesentlichen Schnittes mit der Fläche Ω nicht erfüllt sind. Wir werden sagen, daß diese Ebenen die Fläche „berühren". Das Maß der Menge dieser Ebenen $\Psi(\Omega)$ übertrifft nicht die Summe der Maße für die einzelnen Stücke, d.h. $\sum \Psi(\omega_P)$. Wenn die Stücke hinreichend klein sind, so kann man den Flächeninhalt des sphärischen Bildes eines jeden dieser Stücke kleiner ε annehmen (wobei konische Punkte nicht berücksichtigt werden). Wenn nun die Oberfläche des sphärischen Bildes eines Stückes ω_P kleiner ε ist, dann ist das Maß der Menge der sie berührenden Ebenen kleiner $\varepsilon\, d_{\omega_P}$. Und weil die Summe der Dicken der Stücke d_{ω_P} durch eine Konstante beschränkt ist, die nicht von δ abhängt, so ist daß Maß der Menge der Ebenen, die die Fläche Ω berühren, gleich null.

Daher schneiden fast alle Ebenen, welche gemeinsame Punkte mit der Fläche Ω haben, diese wesentlich.

§ 2. Weiteres Studium der ebenen Schnitte einer Fläche Ω

Es sei α eine Ebene, die die Fläche Ω schneidet, und X ein willkürlicher Punkt, der dieser Fläche und der Ebene α gemeinsam ist, wobei die folgenden Bedingungen erfüllt werden:

1. Wenn einer der Punkte X_0 auf F_0 oder X_1 auf F_1, die dem Punkte X entsprechen, z. B. X_0, kantig ist und der andere X_1 glatt, dann liegt die Richtung auf Ω im Punkte X, die der Kantenrichtung im Punkte X_0 entspricht, nicht in der Ebene α.

2. Wenn beide Punkte X_0 und X_1 Kantenpunkte sind, wobei die Kantenrichtungen isometrisch entsprechend sind, so liegt die Richtung auf Ω im Punkte X, die der Richtung der Kanten der Flächen F_0 und F_1 in den Punkten X_0 und X_1 entspricht, nicht in der Ebene α.

Wir sagen, daß die Ebene α die Kanten der Fläche Ω *durchschneidet.*

In diesem Paragraphen zeigen wir, daß *fast alle Ebenen* α, *die die Fläche* Ω *schneiden, die Kanten dieser Fläche durchschneiden.*

Wir definieren eine Menge G_0 auf der Fläche F_0 auf folgende Weise:

Den Punkt X legen wir in die Menge G_0, wenn eine der folgenden Bedingungen erfüllt ist:

1. Der Punkt X_0 ist konisch.
2. Der Punkt X_0 ist kantig, wobei der ihm isometrisch entsprechende Punkt auf F_1 auch kantig ist und die Richtungen der Kanten sich nicht isometrisch entsprechen.

Offensichtlich ist die Menge G_0 nicht größer als abzählbar, weil die ihr entsprechende Menge auf der gemischten Fläche $\bar{F}$ dies ebenfalls ist.

Die Menge auf der Fläche F_1, die isometrisch G_0 entspricht, bezeichnen wir mit G_1.

Wir bedecken die Menge G_0 durch kleine offene geodätische Kreise mit einer Gesamtsumme der Durchmesser kleiner ε. Die so erhaltene Bedeckung bezeichnen wir mit $G_0^{(\varepsilon)}$. Die isometrisch entsprechende Bedeckung der Menge G_1 auf F_1 bezeichnen wir mit $G_1^{(\varepsilon)}$. Es sei $G^{(\varepsilon)}$ die Menge auf der Fläche Ω, die den Mengen $G_0^{(\varepsilon)}$ und $G_1^{(\varepsilon)}$ entspricht.

Offensichtlich ist das Maß der Menge der Ebenen, die wenigstens einen Punkt der Menge $G^{(\varepsilon)}$ enthalten, beliebig klein, wenn ε hinreichend klein ist.

Wir definieren jetzt eine Menge E_0^{ϑ} auf der Fläche F_0. Den Punkt X_0 der Fläche F_0 rechnen wir zur Menge E_0^{ϑ}, wenn dieser Punkt nicht $G_0^{(\varepsilon)}$ angehört und ein Kantenpunkt mit einem Neigungswinkel in diesem Punkte nicht kleiner ϑ ist, oder der ihm isometrisch entsprechende Punkt auf F_1 kantig ist mit dem dortigen Neigungswinkel nicht kleiner ϑ. Die isometrisch entsprechende Punktmenge auf F_1 bezeichnen wir mit E_1^{ϑ}. Offensichtlich sind E_0^{ϑ} und E_1^{ϑ} abgeschlossene Mengen.

Wir zerteilen die xy-Ebene in kleine Quadrate mit der Seite δ und projizieren diese Quadrate auf die Fläche F_0 durch Geraden, parallel der z-Achse. Die den Quadraten der xy-Ebene entsprechenden Mengen auf der Fläche F_0 werden wir aus Bequemlichkeit auch Quadrate nennen und sie mit ω_0 bezeichnen, und die isometrisch entsprechenden Mengen auf F_1 werden wir mit ω_1 bezeichnen.

Wenn die Durchmesser der Quadrate ω_0 klein sind, d. h. wenn δ klein ist, so bilden die Kantenrichtungen in den Punkten der Menge E_0^{ϑ}, die einem solchen Quadrat angehören, zwischen sich beliebig kleine Winkel. Tatsächlich kommen wir, wenn wir das Gegenteil zulassen, leicht zur Existenz konischer Punkte auf der Fläche F_0, die nicht der Menge G_0 angehören, was unmöglich ist.

Wenn die Durchmesser der Quadrate ω_0 klein sind, so sind die Winkel, gebildet von den Richtungen der Kanten in den einem Quadrat ω_0 angehörigen Punkten der Menge E_0^ϑ und von den Richtungen, die den Kantenrichtungen eines Quadrates ω_1 entsprechen, ebenfalls beliebig klein. Im umgekehrten Falle wären auf der Fläche $\bar{F}$ konische Punkte, welchen Punkte auf F_0 entsprechen würden, die nicht G_0 angehören.

Analoge Schlußfolgerungen muß man auch bezüglich der Kantenrichtungen auf der Fläche F_1 in den Punkten der Menge E_1^ϑ machen, die einem Quadrat ω_1 angehören.

Wir bezeichnen mit $\sum_0$ die Gesamtheit der Quadrate ω_0, die Punkte der Menge E_0^ϑ enthalten. Die Gesamtheit der isometrisch entsprechenden Quadrate ω_1 auf F_1 bezeichnen wir mit $\sum_1$.

Es sei n die Zahl der Quadrate in der Gesamtheit $\sum_0$. Wir zeigen, daß die Zahl $n\delta$ beschränkt ist durch eine Konstante $c(\vartheta)$, die nicht von δ abhängt. Dazu erinnern wir an die Definition des Integrals der mittleren Krümmung einer allgemeinen konvexen Fläche.

Wenn die konvexe Fläche F regulär ist, dann nennen wir Integral der mittleren Krümmung einer Menge M auf der Fläche die Größe

$$H(M) = \int_M \frac{1}{2}(k_1 + k_2)\, dM,$$

wobei k_1 und k_2 die Hauptkrümmungen der Fläche sind. Diese Größe kann auch anders definiert werden, und zwar tragen wir auf den äußeren Normalen einer Fläche in den Punkten der Menge M Strecken einer Länge h ab. Die Enden dieser Strecken bilden auf der Fläche F_h, die parallel zur gegebenen verläuft, eine gewisse Menge M_h. Es möge s_0 der Inhalt der Menge M auf F sein und s_h der Inhalt der Menge M_h auf F_h. Dann gilt

$$H(M) = \lim_{h\to 0} \frac{1}{2}\,\frac{s_h - s_0}{h}.$$

Diese Definition hat auch für allgemeine konvexe Flächen Sinn.

Der Kürze halber werden wir das Integral der mittleren Krümmung einfach mittlere Krümmung der Menge nennen. Wir vermerken gewisse Eigenschaften der mittleren Krümmung:

1. Die mittlere Krümmung ist eine additive Mengenfunktion auf einer konvexen Fläche. Sie ist für alle abgeschlossenen, offenen und allgemein für BORELsche Mengen definiert.
2. Die mittlere Krümmung einer geschlossenen konvexen Fläche mit einem Durchmesser d ist höchstens $2\pi d$.
3. Wenn eine konvexe Fläche unter Beibehaltung ihres Randes deformiert wird, und zwar so, daß die Flächenpunkte ins Innere des Körpers bewegt werden, auf dessen Berandung die Fläche gelegen ist, wobei die Konvexität

der Fläche nicht zerstört wird, so wird die mittlere Krümmung der Fläche nicht vergrößert.

4. Es sei F eine konische konvexe Fläche, d der Abstand der Spitze des Kegels von dem nächsten Punkt des Randes F, φ der größte Winkel zwischen den äußeren Normalen der Stützebenen in der Spitze des Kegels. Dann ist die mittlere Krümmung der Fläche F nicht kleiner als $c\varphi d$, wobei c eine Konstante ist, die nicht von der Fläche abhängig ist.

Es sei ω_0 ein Quadrat aus der Gesamtheit $\sum_0$, das den Kantenpunkt X_0 der Fläche F_0 mit einem Neigungswinkel nicht kleiner ϑ enthält. Wir bezeichnen mit ω_0' „das dreimal größere Quadrat", d. h. das Quadrat, welches aus ω_0 und den acht an dieses angrenzenden Quadraten besteht. Wir entfernen das Quadrat ω_0' aus der Fläche F_0 und konstruieren die konvexe Hülle des übrigbleibenden Teiles der Fläche und des Punktes X_0. Es sei ω_0'' jener Teil der erhaltenen Fläche, welcher dem Quadrat ω_0' entspricht. Die mittlere Krümmung der Fläche ω_0'' ist nicht größer als die mittlere Krümmung des Quadrates ω_0'. Wenn man die Fläche ω_0'' auf den Tangentialkegel im Punkte X_0 abwickelt, so wird dabei ihre mittlere Krümmung nicht vergrößert, und die mittlere Krümmung dieses Kegels (es kann auch ein Zweiflachwinkel sein) ist nicht kleiner als $c'\vartheta\delta$, wobei c' als unabhängig von δ angenommen werden kann.

Es sei n_0 die Anzahl solcher Quadrate von $\sum_0$, welche Kantenpunkte mit einem Neigungswinkel nicht kleiner ϑ enthalten, und $H(F_0)$ die mittlere Krümmung der Fläche F_0. Dann ist offensichtlich $c' n_0 \delta\vartheta \leqslant g H(F_0)$. Wenn analog n_1 die Anzahl der Quadrate von $\sum_1$ ist, welche Kantenpunkte der Fläche F_1 mit einem Neigungswinkel nicht kleiner ϑ enthalten, und $H(F_1)$ die mittlere Krümmung dieser Fläche ist, dann gilt $c' n_1 \delta\vartheta \leqslant g H(F_1)$. Weil $n \leqslant n_0 + n_1$, so ist

$$c' n \delta\vartheta \leqslant g(H(F_0) + H(F_1))$$

und folglich ist $n\delta$ gleichmäßig beschränkt durch eine Konstante, die nicht von δ abhängt.

Die Behauptung ist vollständig bewiesen.

Es sei β eine Ebene, welche die Fläche Ω schneidet, und in dieser Ebene liege mindestens ein Punkt X der Fläche Ω, welchem auf F_0 ein Punkt X_0 der Menge E_0^ϑ und auf F_1 ein Punkt X_1 der Menge E_1^ϑ entspricht. Mindestens einer dieser Punkte, z. B. X_0, ist ein Kantenpunkt mit einem Neigungswinkel nicht kleiner als ϑ. Die Richtung auf der Fläche Ω im Punkte X, welche der Kantenrichtung im Punkte X_0 auf F_0 entspricht, möge in der Ebene β liegen. Wir zeigen, daß *das Maß der Menge der Ebenen β gleich Null ist.*

Wir bezeichnen mit ω die Stücke der Fläche Ω, die den Quadraten ω_0 der Fläche F_0 aus der Gesamtheit $\sum_0$ entsprechen. Wir schätzen das Maß der Ebenen β für ein einzelnes Stück ω ab. Aus den Eigenschaften der Kantenrichtungen bei den Quadraten ω_0 und ω_1 auf den Flächen F_0 und F_1, welche zu Anfang des Paragraphen erwähnt wurden, folgt, daß die Richtungen auf dem Stück ω, durch welche die Ebenen β hindurchgehen müssen, untereinander beliebig kleine Winkel bilden, wenn die Quadrate ω_0 hinreichend klein sind oder, was dasselbe ist, wenn δ genügend klein ist. Weil außerdem die Durchmesser der Stücke ω kleiner als $\lambda\delta$ sind (λ ist eine Konstante, unabhängig von δ), so ist das Maß der Menge der Ebenen β für ein einzelnes Stück kleiner als $\varepsilon'(\delta)\delta$, wobei $\varepsilon'(\delta)$ mit δ gegen Null strebt. Hieraus folgt, daß das Maß für die Menge der Ebenen β für die ganze Fläche Ω kleiner als $\varepsilon'(\delta)n\delta$ ist; und weil $n\delta$ beschränkt ist, so ist das Maß für die Menge der Ebenen β gleich Null.

Weil das Maß für die Menge der Ebenen β für jedes $\vartheta > 0$ gleich Null ist und das Maß für die Menge der Ebenen, welche die Menge $G^{(\varepsilon)}$ schneiden, beliebig klein ist, wenn ε klein ist, durchschneiden fast alle Ebenen, welche die Fläche Ω schneiden, die Kanten dieser Fläche.

Die ursprüngliche Behauptung wurde vollständig bewiesen.

§ 3. Konstruktion der Normalkurven auf isometrischen konvexen Flächen in kanonischer Lage

Die Bezeichnungen F_0, F_1, $\bar{F}_1$ und Ω mögen denselben Sinn haben wie in den beiden ersten Paragraphen dieses Kapitels.

Es wurde gezeigt, daß fast alle Ebenen, welche gemeinsame Punkte mit der Fläche Ω haben, diese Fläche (§ 1) wesentlich schneiden und überdies ihre Kanten durchschneiden (§ 2).

Für die Fläche Ω und die xy-Ebene mögen die folgenden zwei Bedingungen erfüllt sein:

1. Die xy-Ebene schneidet wesentlich die Fläche Ω und schneidet ihre Kanten.
2. Der Rand der Fläche Ω befindet sich über der xy-Ebene.

Es möge M die Menge der Punkte der Fläche Ω sein, gelegen in der xy-Ebene; M_0, M_1 und M_1^* seien die entsprechenden Mengen auf den Flächen F_0, F_1 und F_1^*.

In diesem Paragraphen zeigen wir, daß die Mengen M_0 und M_1 aus bezüglich der xy-Ebene abstandsgleichen Normalkurven bestehen (§ 1 Kap. V).

Wir bezeichnen mit $r_0(Y)$ den Radiusvektor des Punktes Y auf der Fläche F_0, mit $r_1(Y)$ und $r_1^*(Y)$ die Radienvektoren isometrisch entsprechender Punkte auf den Flächen F_1 und F_1^* (F_1^* ist das Spiegelbild der Fläche F_1 bezüglich der xy-Ebene).

In der Umgebung eines willkürlichen Punktes X_0 der Menge M_0 gelten für die Vektorfunktionen $r_0(Y)$, $r_1(Y)$ und $r_1^*(Y)$ die folgenden bequemen Darstellungen (§ 1 Kap. III):

$$r_0(Y) = r_0 + \tau_0(Y)\, s(Y) + \nu_0(Y),$$
$$r_1(Y) = r_1 + \tau_1(Y)\, s(Y) + \nu_1(Y),$$
$$r_1^*(Y) = r_1^* + \tau_1^*(Y)\, s(Y) + \nu_1^*(Y).$$

Die Vektoren $\tau_0(Y)$, $\tau_1(Y)$ und $\tau_1^*(Y)$ liegen auf den Flächen der Tangentialkegel der Fläche F_0 im Punkte X_0 und der Flächen F_1, F_1^* in den entsprechenden Punkten X_1 und X_1^*.

Wenn der Punkt Y der Menge M_0 angehört, liegt der Vektor $r_0(Y) + r_1^*(Y)$ in der xy-Ebene. Deshalb bildet für genügend kleines $s(Y)$ der Vektor $\tau_0(Y) + \tau_1^*(Y)$ mit dieser Ebene einen beliebig kleinen Winkel. Indem wir die Aufmerksamkeit darauf lenken, daß die xy-Ebene die Fläche Ω wesentlich schneidet und die Richtung der Kante dieser Fläche im Punkte X schneidet, der X_0 entspricht, wenn wenigstens einer von den Punkten X_0 oder X_1 Kantenpunkt ist, schließen wir, daß zwei Richtungen auf der Fläche F_0 im Punkte X_0 existieren — wir bezeichnen sie mit τ_0' und τ_0'' —, so daß:

1. die Richtungen auf Ω, die den Richtungen τ_0' und τ_0'' entsprechen, in der xy-Ebene liegen;
2. die Richtungen τ_0' und τ_0'' und auch die ihnen entsprechenden Richtungen auf F_1 auf verschiedenen Flächen der tangierenden Zweiflache der Flächen F_0 und F_1 in den Punkten X_0 bzw. X_1 liegen, wenn diese Punkte Kantenpunkte sind.
3. Wenn der Punkt Y der Menge M_0 genügend nahe bei X_0 liegt, d. h. wenn $s(Y)$ genügend klein ist, dann bildet der Vektor $\tau_0(Y)$ einen beliebig kleinen Winkel mit einem der Vektoren τ_0' oder τ_0''.

Wir ziehen auf der Fläche F_0 von dem Punkt X_0 aus Kürzeste a, b, c, d derart, daß die folgenden Bedingungen erfüllt werden:

1. Die Halbtangenten an die Kürzesten a und b im Punkte X_0 bilden kleine Winkel mit der Richtung τ_0', wobei diese Richtung sich zwischen den Halbtangenten befindet und die Halbtangenten selbst auf derselben Fläche des tangierenden Zweiflachs der Fläche F_0 im Punkte X_0 (wenn dieser Punkt ein Kantenpunkt ist) wie die Richtung τ_0' liegen.
2. Die Halbtangenten an die Kürzesten c und d im Punkte X_0 bilden kleine Winkel mit der Richtung τ_0'', wobei diese Richtung sich zwischen den Halbtangenten befindet und die Halbtangenten auf derselben Fläche des tangierenden Zweiflachwinkels wie die Richtung τ_0'' liegen.
3. Die Kürzesten auf der Fläche F_1, die a, b, c, d in bezug auf die Richtungen entsprechen, besitzen die Eigenschaften 1 und 2; dabei sind jene Richtungen τ_0' und τ_0'' zugeordnet.

Offensichtlich befindet sich, wenn der Punkt Y aus der Menge M_0 genügend nahe bei X_0 liegt, dieser entweder zwischen den Kürzesten a und b oder zwischen den Kürzesten c und d.

Der Punkt Y auf der Fläche F_0 möge sich unbeschränkt X_0 nähern, wobei er zwischen den Kürzesten a und b verbleiben soll. Dann konvergiert die Stützebene der Fläche F_0 im Punkte Y gegen jene Fläche des Zweiflachs im Punkte X_0, auf welcher die Richtung τ_0' liegt. Wenn aber der Punkt Y bei Annäherung an X_0 sich zwischen den Kürzesten c und d befindet, dann konvergiert die Stützebene in ihm gegen die Fläche des Winkels, die die Richtung τ_0'' enthält. Analoge Schlüsse kann man für die Fläche F_1 bezüglich der Kürzesten und der entsprechenden Richtungen ziehen.

Wir legen den Bogen eines geodätischen Kreises k auf der Fläche F_0 zwischen die Kürzesten a und b mit den Endpunkten A und B auf diesen Kürzesten. Wenn der Radius des Kreises genügend klein ist, dann hat der Kreis in jedem Punkte Z eine Halbtangente $t_0(Z)$. Die Punkte der Fläche Ω, die den Punkten A und B für genügend kleinen Radius des Kreises k entsprechen, liegen auf verschiedenen Seiten der xy-Ebene. Deshalb befindet sich auf dem Kreise k mindestens ein Punkt Z_0 derart, daß der ihm entsprechende Punkt auf der Fläche Ω in der xy-Ebene liegen wird. Nun ist es nicht schwer, sich davon zu überzeugen, daß es nur einen Punkt Z_0 gibt, wenn man berücksichtigt, daß die Halbtangente $t_0(Z)$ für einen kleinen Radius des Kreises k beliebig kleine Winkel mit der Fläche des Tangentenwinkels der Fläche F_0 im Punkte X_0 bildet, die die Richtung τ_0' enthält und mit der Richtung τ_0' einen Winkel nahe bei $\frac{\pi}{2}$ bildet. Die Halbtangente $t_1(Z)$ des Kreises k_1, der k auf F_1 entspricht, besitzt analoge Eigenschaften. Hieraus ziehen wir den Schluß, daß der Teil der Menge M_0, der in einer hinreichend kleinen Umgebung des Punktes X_0 zwischen den Kürzesten a und b liegt, einen einfachen Bogen darstellt. Denselben Schluß muß man auch bezüglich des Teils der Menge M_0 ziehen, der zwischen den Kürzesten c und d gelegen ist.

Jetzt ist offensichtlich, daß die ganze Menge M_0 aus einer endlichen Zahl geschlossener einfacher Kurven besteht. Ohne die Allgemeinheit zu beschränken, kann man annehmen, daß die Menge M_0 eine geschlossene Kurve darstellt.

Die Kurve M_0 hat in jedem Punkte eine rechte und linke Halbtangente, wobei die rechte Halbtangente rechts stetig und die linke Halbtangente links stetig ist.

Daß die Kurve M_0 in jedem Punkte eine rechte und linke Halbtangente besitzt, wurde im wesentlichen von uns bewiesen. Im Punkte X_0 der Kurve M_0 sind diese Halbtangenten τ_0' und τ_0''. Wir beweisen den zweiten Teil der Behauptung. Gemäß Definition möge τ_0' die rechte Halbtangente der Kurve M_0 im Punkte X_0 sein. Wir nehmen auf der Kurve M_0 rechts von X_0 den Punkt Y. Es sei $\bar{\tau}_0(Y)$ der Einheitsvektor der rechten Halbtangente in diesem Punkte; $\bar{\tau}_1^*(Y)$ sei der Einheitsvektor der Halbtangente an die Kurve M_1^* auf F_1^* im entsprechenden Punkte. Wir wollen beweisen, daß $\bar{\tau}_0(Y) \to \tau_0'$, wenn Y sich X_0 nähert, indem es rechts von X_0 bleibt. Wir nehmen an, dies sei falsch. Dann existiert eine Punktfolge Y_k, die gegen X_0 konvergiert, so daß $\bar{\tau}_0(Y_k) \to \bar{\tau}_0 \neq \tau_0'$, $\bar{\tau}_1^*(Y_k) \to \bar{\tau}_1^*$. Wir verbinden die Punkte Y_k und X_0 durch eine Kürzeste γ_0. Es sei $\bar{\tau}_0(Y_k)$ der Einheitsvektor der Halbtangente dieser Kürzesten im Punkte Y_k und $\bar{\tau}_1^*(Y_k)$ sei der Einheitsvektor der Halbtangente, der der Kürzesten auf F_1^* im analogen Punkte entspricht. Für $k \to \infty$ streben die Winkel, gebildet von den Vektoren $\bar{\tau}_0(Y_k)$ und $\bar{\tau}_0(Y_k)$, $\bar{\tau}_1^*(Y_k)$ und $\bar{\tau}_1^*(Y_k)$ gegen ein und dieselbe Grenze größer als $\frac{\pi}{2}$. Die Winkel, gebildet von den Vektoren $\bar{\tau}_0(Y_k)$ und $\tau_0'^*$, $\bar{\tau}_1^*(Y_k)$ und

$\tau_1'^*$ konvergieren gegen π. Hieraus schließen wir, daß die Grenzvektoren $\tilde{\tau}_0$ und $\tilde{\tau}_1^*$ mit den Vektoren τ_0' und $\tau_1'^*$ die gleichen Winkel bilden. Und weil sie auf denselben Flächen der tangierenden Zweiflachwinkel gelegen sind wie die Vektoren τ_0' und $\tau_1'^*$, kann der Vektor $\tilde{\tau}_0 + \tilde{\tau}_1^*$ nicht parallel der xy-Ebene sein. Dies widerspricht aber dem, daß für jeden Punkt Y_k der Vektor $\tilde{\tau}_0(Y_k) + \tilde{\tau}_1^*(Y_k)$ der xy-Ebene parallel ist. Die Stetigkeit der rechten Halbtangente an die Kurve M_0 rechts ist bewiesen. Die Stetigkeit der linken Halbtangente wird analog bewiesen.

Aus der Rechtsstetigkeit der rechten Halbtangente an die Kurve folgt die Rektifizierbarkeit.

Daher sind die Kurven M_0 und M_1 auf den Flächen F_0 und F_1 rektifizierbar. Sie haben rechte und linke Halbtangenten, die rechts bzw. links stetig sind. Jetzt zeigen wir, daß die Kurven M_0 und M_1 von beschränkter Schwenkungsvariation sind.

Offensichtlich genügt es zu zeigen, daß es für jeden Punkt der Kurve eine rechte und linke Halbumgebung von beschränkter Schwenkungsvariation gibt. Wir bezeichnen mit m_0 eine genügend kleine rechte Halbumgebung um den Punkt X_0. Es seien m_1 und m_1^* die entsprechenden Kurven auf den Flächen F_1 und F_1^*.

Wenn das Stück m_0 der Kurve M_0 genügend klein ist, so bilden die rechten (linken) Halbtangenten in zwei beliebigen Punkten dieser Kurve kleine Winkel. Die Stützebenen an die Fläche F_0 in zwei beliebigen Punkten der Kurve m_0 bilden auch kleine Winkel. Diese Bemerkung bezieht sich auch auf die Kurven m_1 und m_1^* auf den Flächen F_1 und F_1^*.

Wir bezeichnen mit $\overline{m}_0$, $\overline{m}_1$ und $\overline{m}_1^*$ die Projektionen der Kurven m_0, m_1 und m_1^* auf die xy-Ebene. Die isometrische Zuordnung der Flächen F_0, F_1 und F_1^* erzeugt natürlicherweise eine Zuordnung der Kurvenpunkte von $\overline{m}_0$, $\overline{m}_1$ und $\overline{m}_1^*$ mit Erhaltung der Bogenlängen.

Wir spiegeln die Fläche F_1^* an einer beliebigen Ebene σ, die senkrecht zur xy-Ebene steht. Die erhaltene Fläche bezeichnen wir mit F_2. Die Kurve auf ihr, die m_1^* entspricht, und ihre Projektion auf die xy-Ebene bezeichnen wir mit m_2 und $\overline{m}_2$. Die Fläche F_2 wird aus der Fläche F_1 durch Drehung um eine gewisse Gerade, die in der xy-Ebene gelegen ist, um den Winkel π erhalten.

Wir konstruieren die gemischte Kurve $\overline{m} = \frac{1}{2}(\overline{m}_0 + \overline{m}_2)$. Wir zeigen, daß die Kurve $\overline{m}$ konvex ist, wenn das Stück m_0 der Kurve genügend klein ist und die Ebene σ passend gewählt wurde. Und zwar muß man die Ebene σ so nehmen, daß die Halbtangenten der Kurve m_0 mit der Ebene σ genügend kleine Winkel bilden.

Zunächst zeigen wir, daß die Kurve $\overline{m}$ lokal konvex ist. $\overline{Y}$ sei ein willkürlicher Punkt der Kurve $\overline{m}$; Y_0 sei der entsprechende Punkt auf der Kurve m_0. Wir bezeichnen mit $V_0(Y_0)$ das tangierende Zweiflach im Punkte Y_0 der Fläche F_0; $V_2(Y_0)$ sei das tangierende Zweiflach in dem entsprechenden Punkte der Fläche F_2.

Wir konstruieren das gemischte Zweiflach $V(Y_0) = \frac{1}{2}(V_0(Y_0) + V_2(Y_0))$. Die Kante des Winkels $V(Y_0)$ schneidet die xy-Ebene wesentlich; die Ebene β legen wir durch die Kante des Winkels $V(Y_0)$ so, daß sie die Ebenen des Winkels nicht zerteilt (wenn der Punkt Y_0 auf F_0 und entsprechend der Punkt auf F_2 glatt sind, dann fällt die Ebene β einfach mit $V(Y_0)$ zusammen). Die Ebene β ist eine lokale Stützebene der Kurve $\overline{m}$ im Punkte $\overline{Y}$, wobei die Punkte der Kurve $\overline{m}$ in der Nähe von $\overline{Y}$ in jenem Halbraum gelegen sind — bestimmt durch die Ebene β —, wo das Zweiflach $V(Y_0)$ liegt. Tatsächlich kann man den Radiusvektor eines Punktes der Kurve $\overline{m}$, der dem Punkt Y der Kurve m_0 entspricht, so darstellen:

$$r_0(Y_0) + r_2(Y_0) + s(Y)\,(\tau_0(Y) + \tau_2(Y)) + \nu_0(Y) + \nu_2(Y).$$

Der Punkt mit dem Radiusvektor

$$r(Y) = r_0(Y_0) + r_2(Y_0) + s(Y)\,(\tau_0(Y) + \tau_2(Y))$$

liegt auf dem Zweiflach $V(Y_0)$. In diesem Punkte wird der Vektor $\nu_0(Y) + \nu_2(Y)$ angelegt. Wir zeigen, daß jeder der Vektoren $\nu_0(Y)$ und $\nu_2(Y)$, im Punkte $P(Y)$ angelegt, ins Innere des Zweiflachs $V(Y_0)$ gerichtet ist. Wir nehmen auf der einen Fläche des Zweiflachs $V_0(Y_0)$ zwei zueinander senkrecht stehende Vektoren e_1 und e_2. Es sei $e_3 = e_1 \times e_2$ der Einheitsvektor der inneren Normalen bezüglich dieser Fläche. Den Vektoren e_1 und e_2 entsprechen isometrisch auf einer der Flächen des Zweiflachs $V_2(Y_0)$ die Vektoren e_1' und e_2'. Der Vektor $e_1' \times e_2' = e_3'$ ist der Einheitsvektor der inneren Normalen bezüglich der Fläche des Zweiflachs $V_2(Y_0)$. Die Ebene der Vektoren $e_1 + e_1'$ und $e_2 + e_2'$ ist die Ebene einer Fläche des Zweiflachs $V(Y_0)$. Es ist zu beweisen, daß die Vektoren $\nu_0(Y)$ und $\nu_2(Y)$ ins Innere des Zweiflachs $V(Y_0)$ gerichtet sind. Dies bedeutet zu zeigen, daß die gemischten Vektorprodukte

$$\left(e_1 + e_1',\ e_2 + e_2',\ \frac{\nu_0(Y)}{|\nu_0(Y)|}\right), \quad \left(e_1 + e_1',\ e_2 + e_2',\ \frac{\nu_2(Y)}{|\nu_2(Y)|}\right)$$

nicht negativ sind, auf welcher Fläche des Zweiflachs $V_0(Y_0)$ die Vektoren e_1 und e_2 auch immer gewählt sein mögen. Es wird vorausgesetzt, daß die Vektoren $\nu_0(Y)$ und $\nu_2(Y)$ nicht gleich Null sind. Wenn irgendein Vektor gleich Null ist, so kann man vereinbarungsgemäß annehmen, daß seine Richtung ins Innere des Winkels $V(Y_0)$ weist.

Wir zeigen zunächst, daß $(e_1 + e_1',\ e_2 + e_2',\ e_3) > 0$.

Wir setzen

$$f = (e_1 + e_1',\ e_2 + e_2',\ e_3 + e_3'), \quad g = (e_1 + e_1',\ e_2 + e_2',\ e_3 - e_3).$$

Es sei α_{ij} die i-te Koordinate des Vektors e_j' bezüglich der Basis e_1, e_2, e_3. Dann ist

$$f = \begin{vmatrix} 1 + \alpha_{11}, & \alpha_{12}, & \alpha_{13} \\ \alpha_{21}, & 1 + \alpha_{22}, & \alpha_{23} \\ \alpha_{31}, & \alpha_{32}, & 1 + \alpha_{33} \end{vmatrix} = |E + \alpha|,$$

wobei E die Einheitsmatrix und α eine Orthogonalmatrix bedeutet. Wie bekannt ist, existiert eine nicht entartete Matrix C so, daß

$$C^{-1}\alpha C = \begin{pmatrix} 1 & 0 & 0 \\ 0 & \cos\vartheta & \sin\vartheta \\ 0 & -\sin\vartheta & \cos\vartheta \end{pmatrix},$$

deshalb ist

$$f = |C^{-1}(E+\alpha)C| = \begin{vmatrix} 2 & 0 & 0 \\ 0 & 1+\cos\vartheta & \sin\vartheta \\ 0 & -\sin\vartheta & 1+\cos\vartheta \end{vmatrix} = 4(1+\cos\vartheta) \geqslant 0.$$

Die Größe f kann nicht Null werden, weil sonst die Fläche des Zweiflachs $V_0(Y_0)$ mit der entsprechenden Fläche des Winkels $V_2(Y_0)$ zur Deckung gebracht werden kann, wobei sich infolge der Drehung dieser Fläche als Ganzes um einen Winkel π Richtungen entsprechen; dies ist unmöglich; daher ist f positiv.

Analog kann man zeigen, daß $g = 0$ ist; deshalb ist

$$(e_1+e_1',\ e_2+e_2',\ e_3) = f+g > 0.$$

Wenn sich der Punkt Y_0 dem Punkte X_0 nähert, dann konvergiert die Richtung des Vektors $\nu_0(Y_0)$ gegen die Richtung der inneren Normale bezüglich jener Fläche des Winkels $V_0(X_0)$, in welcher der Vektor τ_0' (so bezeichnen wir den Einheitsvektor der Halbtangente an die Kurve m_0 im Punkte X_0) liegt. Und weil man annehmen kann, daß

$$(e_1+e_1',\ e_2+e_2',\ e_3) > c_0 > 0,$$

so ist für Y_0 nahe bei X_0 und Y nahe bei Y_0

$$\left(e_1+e_1',\ e_2+e_2',\ \frac{\nu_0(Y)}{|\nu_0(Y)|}\right) > 0.$$

Analog wird gezeigt, daß

$$\left(e_1+e_1',\ e_2+e_2',\ \frac{\nu_2(Y)}{|\nu_2(Y)|}\right) > 0.$$

Daher ist die Ebene β eine lokale Stützebene für die Kurve $\overline{m}$ im Punkte $\overline{Y}$. Die Schnittgerade der Ebene β mit der xy-Ebene ist eine lokale Stützgerade der Kurve $\overline{m}$ im Punkte $\overline{Y}$. Aus der lokalen Konvexität der Kurve $\overline{m}$ und der Lage der Kurve bezüglich der lokalen Stützgeraden folgt leicht, daß die Kurve $\overline{m}$ einfach konvex ist.

Es sei s der Bogen längs der Kurve $\overline{m}_0$, $\overline{r}_0(s)$ der Radiusvektor des Punktes der Kurve $\overline{m}_0$, der dem Bogen s entspricht, $\overline{r}_2(s)$ der Radiusvektor des entsprechenden Punktes auf der Kurve $\overline{m}_2$. Weil die Kurve $\overline{m}$ konvex ist, ist die Vektorfunktion

$$\varphi_\sigma(s) = \frac{\overline{r}_0^+(s) + \overline{r}_2^+(s)}{|\overline{r}_0^+(s) + \overline{r}_2^+(s)|} \qquad (*)$$

von beschränkter Variation (der Index σ zeigt an, daß die Fläche F_2 durch Spiegelung der Fläche F_1^* an der Ebene σ erhalten wird).

Wir nehmen zwei verschiedene Ebenen σ. Dann werden wir zwei Vektorfunktionen φ_{σ_1} und φ_{σ_2} haben. Mit den beiden Vektorgleichungen der Gestalt (*) für σ_1 und σ_2 kann man regulär die Komponenten der Vektoren $\bar{r}_0^+$ und $\bar{r}_2^+$ durch die Komponenten der Vektoren φ_{σ_1} und φ_{σ_2} ausdrücken. Hieraus folgt, daß die Komponenten der Vektoren $\bar{r}_0^+$ und $\bar{r}_2^+$ und folglich auch die Vektoren selbst von beschränkter Variation sind. Das bedeutet aber, daß die Kurven $\overline{m}_0$ und $\overline{m}_2$ von beschränkter Schwenkungsvariation sind.

Die Beschränktheit der Schwenkungsvariation der Kurven $\overline{m}_0$ und $\overline{m}_2$ zieht die Beschränktheit der Schwenkungsvariation der Kurven m_0, m_2 und m_1 (§ 3 Kap. II) nach sich. Wie früher gezeigt wurde, garantiert dies die Beschränktheit der Schwenkungsvariation der Kurven M_0 und M_1.

Daß die Halbtangenten an die Kurven M_0 und M_1 mit der Richtung der tangierenden Zweiflache der Flächen F_0 und F_1 in entsprechenden Punkten nicht zusammenfallen, wurde oben gezeigt. Daß die Winkel, gebildet von den Flächen der tangierenden Zweiflache der Fläche F_0 in den Punkten der Kurve M_0 und der xy-Ebene, überall größer oder überall kleiner als die Winkel sind, gebildet von den entsprechenden Flächen der tangierenden Zweiflachwinkel der Fläche F_1 und der xy-Ebene, folgt offenbar daraus, daß die xy-Ebene die Fläche Ω wesentich schneidet.

So sind die Kurven M_0 und M_1 auf den Flächen F_0 und F_1 normale abstandsgleiche Kurven.

DER BEWEIS DER EINDEUTIGEN BESTIMMUNG GESCHLOSSENER KONVEXER FLÄCHEN

Wir haben das gesamte notwendige Material für den Beweis des grundlegenden Theorems über die eindeutige Bestimmung geschlossener konvexer Flächen vorbereitet; es lautet:

Geschlossene isometrische konvexe Flächen sind kongruent.

Jetzt beweisen wir dieses Theorem.

F_0 sei eine geschlossene konvexe Fläche und F_1 eine konvexe Fläche, isometrisch zu F_0 (die Entartung einer konvexen Fläche in einen zweifach bedeckten konvexen Bereich der Ebene wird nicht ausgeschlossen). Wir wollen die Kongruenz der Flächen F_0 und F_1 beweisen. Erstens bemerken wir, daß, wenn jede der Flächen F_0 und F_1 in einen zweifach bedeckten Bereich der Ebene entartet, dann die Behauptung des Theorems hinreichend trivial ist. Tatsächlich sieht man leicht, daß die Ränder der ebenen konvexen Bereiche F_0 und F_1 isometrisch zugeordnet sind und folglich ihre entsprechenden Teile gleiche Längen und Schwenkungen besitzen. Hieraus folgt, daß die Ränder der konvexen Bereiche F_0 und F_1 gleich und folglich auch die Bereiche selbst gleich sind.

Wenn die Flächen F_0 und F_1 nicht kongruent sind, dann wird wenigstens eine dieser Flächen, z. B. F_0, nicht entarten.

Gemäß § 3 Kap. III existiert eine geschlossene konvexe Fläche F_1' isometrisch zu F_0 beliebig nahe bei F_0, aber nicht gleich F_0. Es sei $r_0(X)$ der Radiusvektor eines willkürlichen Punktes X auf der Fläche F_0 und $r_1(X)$ der Radiusvektor des isometrisch entsprechenden Punktes auf der Fläche F_1'. Dann ergibt, wie in § 2 und § 3 Kap. IV gezeigt wurde, die Gleichung

$$r = \lambda r_0(X) + (1 - \lambda) r_1(X)$$

für λ nahe bei $\frac{1}{2}$ eine geschlossene konvexe Fläche F_λ und die Abbildung der Fläche F_0 auf F_λ, bei der dem Punkte $r_0(X)$ auf der Fläche F_0 der Punkt $r_\lambda(X) = \lambda r_0(X) + (1 - \lambda) r_1(X)$ auf der Fläche F_λ zugeordnet wird, ist ein Homöomorphismus.

Für $\lambda = \frac{1}{2}$ werden wir der Einfachheit halber $r_\lambda(X)$ in $\bar{r}(X)$ und die Fläche F_λ in $\bar{F}$ umbenennen.

Wir beschreiben der Fläche $\bar{F}$ eine Sphäre mit einem minimalen Radius um. Es sei $\bar{r}(X_0)$ ein Punkt der Fläche, gelegen auf der Sphäre. α_0 sei die Tangentialebene an der Sphäre in diesem Punkte und folglich eine Stützebene an der Fläche $\bar{F}$. Wir führen im Raum rechtwinklige kartesische Koordinaten ein, wobei wir den Punkt $\bar{r}(X_0)$ als Koordinatenanfang, die Ebene α_0 als xy-Ebene nehmen. Die positive Halbachse z richten wir in jenen Halbraum, bestimmt durch die Ebene α_0, in dem die Fläche $\bar{F}$ gelegen ist.

Ohne Beschränkung der Allgemeinheit kann man annehmen

$$r_0(X_0) = r_1(X_0) = \bar{r}(X_0) = 0.$$

Wir zeigen, daß die Gleichung $|r_0(X)| = |r_1(X)|$ nicht identisch erfüllt sein kann. Nehmen wir das Gegenteil an. Wir legen dann durch zwei willkürliche Punkte X und Y der Fläche F_0 einen ebenen Schnitt, der durch den Koordinatenanfangspunkt hindurchgeht. Im Schnitt erhalten wir eine ebene konvexe Kurve, wovon ein Stück zwischen den Punkten X und Y verläuft, das jedoch nicht den Koordinatenanfangspunkt enthält. Wir bezeichnen es mit γ. Der Kurve γ auf der Fläche F_1' entspricht die Kurve γ' mit den Enden X' und Y', die bei der Isometrie X und Y entsprechen.

Wir wickeln den die Kurve γ' aus dem Koordinatenanfangspunkt projizierenden Kegel auf eine Ebene ab. Dabei geht die Kurve γ' in eine ebene Kurve $\bar{\gamma}'$ über, die kongruent γ ist. Weil der Abstand zwischen den Enden der Kurve $\bar{\gamma}'$ nicht kleiner als der Abstand zwischen den Enden der Kurve γ' ist, so ist der räumliche Abstand zwischen den Punkten X und Y auf der Fläche F_0 nicht kleiner als der räumliche Abstand zwischen den bei der Isometrie entsprechenden Punkten X' und Y' auf der Fläche F_1'.

Wenn wir die Rollen der Flächen F_0 und F_1' vertauschen, kommen wir zum entgegengesetzten Schluß. Hieraus folgt, daß die räumlichen Abstände zwischen isometrisch entsprechenden Punkten der Flächen F_0 und F_1' gleich sind. Dies bedeutet, daß auch die Flächen gleich sind. Wir kamen zu einem Widerspruch.

Daher kann die Gleichung $|r_0(X)| = |r_1(X)|$ nicht identisch erfüllt sein.

G_0 sei eine zusammenhängende Komponente der Menge der Punkte X auf der Fläche F_0, wobei $|r_0(X)| \neq |r_1(X)|$. Ohne Beschränkung der Allgemeinheit kann man annehmen, daß in G_0 gilt: $|r_0(X)| > |r_1(X)|$. Wir definieren im Bereich G_0 die Vektorfunktion $r(X)$ durch die Gleichung

$$r(X) = \frac{r_0(X) + r_1(X)}{r_0^2(X) - r_1^2(X)}\,.$$

Es sei $\bar{G}$ der Bereich auf der Fläche $\bar{F}$, der dem Bereich G_0 auf F_0 entspricht, und Φ sei die Fläche, gegeben durch die Gleichung

$$r = r(X)$$

im Bereich G_0. Die Fläche Φ wird eindeutig projiziert auf den Bereich $\bar{G}$ der Fläche $\bar{F}$ durch Strahlen, die von dem Koordinatenanfangspunkt ausgehen.

Wir zeigen, daß, wenn der Punkt X des Bereichs G_0 sich unbeschränkt dem Rand des Bereichs nähert, dann der Punkt $r(X)$ auf der Fläche Φ sich unbeschränkt von der xy-Ebene entfernt.

In der Tat sei Y_0 ein Punkt des Randes des Bereichs G_0, dem sich der Punkt X nähert. Wenn der Punkt Y_0 von X_0 verschieden ist, dann ist unsere Behauptung trivial, weil für $X \to Y_0$ gilt $r_0^2(X) - r_1^2(X) \to 0$ und $\bar{z}(X) = z_0(X) + z_1(X)$ gegen einen positiven Grenzwert strebt.

Wir nehmen nun an, daß Y_0 mit X_0 zusammenfällt. Wie im Paragraphen 1 des Kapitels III gezeigt wurde, lassen die Vektorfunktionen $r_0(X)$ und $r_1(X)$ in der Umgebung des Punktes X_0 die folgenden Darstellungen zu:

$$r_0(X) = s(X)\,\tau_0(X) + \varepsilon_0(X)\,s(X)\,,$$
$$r_1(X) = s(X)\,\tau_1(X) + \varepsilon_1(X)\,s(X)\,;$$

dabei ist $s(X)$ der Abstand zwischen den Punkten X_0 und X auf der Fläche F_0, $\tau_0(X)$ der Einheitsvektor der Halbtangente im Punkte X_0 an die Kürzeste auf der Fläche F_0, die die Punkte X_0 und X verbindet, $\tau_1(X)$ der Einheitsvektor der Halbtangente an die bei der Isometrie entsprechende Kürzeste auf der Fläche F_1' in dem X_0 entsprechenden Punkte und $\varepsilon_0(X)$ und $\varepsilon_1(X)$ sind Vektoren, die für $X \to X_0$ gegen den Nullvektor streben.

Bei hinreichender Nähe der Fläche F_1' bei F_0 bilden die Vektoren $r_0(X)$ und $r_1(X)$ miteinander einen Winkel kleiner $\vartheta_0 < \pi$. Für X genügend nahe X_0 gilt deshalb $|r_0(X) + r_1(X)| > c_1 s(X)$, wobei c_1 eine Konstante größer null ist. Beachten wir, wie der Punkt X_0 ausgewählt wurde, so können wir daraus schließen, daß $z_0(X) + z_1(X) > c_2 s^2(X)$. Was die Differenz $r_0^2(X) - r_1^2(X)$ betrifft, so ist sie gleich $s^2(X)\,\varepsilon(X)$, wobei $\varepsilon(X) \to 0$, wenn $X \to 0$. So ist der Abstand des Punktes $r(X)$ von der xy-Ebene größer $c_2/\varepsilon(X)$ und wächst folglich unbegrenzt, wenn $X \to X_0$.

Wir schneiden die Fläche Φ durch eine Ebene $z = h > 0$. Der Teil $\bar{\Phi}$ der Fläche Φ, gelegen unterhalb der Ebene $z = h$, d. h. im Halbraum $z \leq h$, ist endlich.

Wir nehmen ein genügend flaches Paraboloid P

$$z = k\,(x^2 + y^2)$$

derart, daß die Fläche $\bar{\Phi}$ im Inneren des Paraboloids liegt, und wir werden es affin gegen die Ebene $z = h$ drücken, indem wir seine Punkte parallel der z-Achse gegen die Ebene $z = h$ proportional ihren ursprünglichen Abständen von dieser Ebene verrücken. In einem gewissen Moment lehnt sich das Paraboloid an einen gewissen Punkt der Fläche $\bar{\Phi}$ an, dessen Radiusvektor wir mit $r(Y_0)$ bezeichnen.

Es sei $\bar{n}$ der Einheitsvektor der inneren Normale bezüglich der Tangentialebene des Paraboloids im Punkte $r(Y_0)$. Weil die Fläche F_1' genügend nahe bei F_0 liegt, so ist für X nahe bei Y_0

$$|r(X) - r(Y_0)| > c_3\, s(X),$$

wobei $s(X)$ der Abstand zwischen den Punkten X und Y_0 auf F_0 und c_3 eine positive Konstante ist. Deshalb

$$(r(X) - r(Y_0))\,\bar{n} > c_4\, s^2(X), \qquad (*)$$

c_4 ist eine Konstante größer Null.

Der Kürze halber setzen wir $r_0(Y_0) = a_0$, $r_1(Y_0) = a_1$, $2\,r(Y_0) = a$. Dann ist $r_0(X) = a_0 + \bar{r}_0$, $r_1(X) = a_1 + \bar{r}_1$.

$$r(X) - r(Y_0) = \frac{a_0 + a_1 + \bar{r}_0 + \bar{r}_1}{a_0^2 - a_1^2 + 2(a_0\bar{r}_0 - a_1\bar{r}_1)} - \frac{a_0 + a_1}{a_0^2 - a_1^2} =$$

$$= \frac{(\bar{r}_0 + \bar{r}_1)(a_0^2 - a_1^2) - 2(a_0 + a_1)(a_0\bar{r}_0 - a_1\bar{r}_1)}{(a_0^2 - a_1^2)\,[a_0^2 - a_1^2 + 2(a_0\bar{r}_0 - a_1\bar{r}_1)]}.$$

Bei Benutzung der Ungleichung (*) erhalten wir hieraus

$$[\bar{r}_0 + \bar{r}_1 - a(a_0\bar{r}_0 - a_1\bar{r}_1)]\,\bar{n} > c\, s^2(X)$$

oder

$$-\bar{r}_0(-\bar{n} + a_0(a\bar{n})) + \bar{r}_1(\bar{n} + a_1(a\bar{n})) > c\, s^2(X).$$

Wir setzen

$$-\bar{n} + a_0(a\bar{n}) = A_0, \quad \bar{n} + a_1(a\bar{n}) = A_1.$$

Dann ist

$$-A_0\bar{r}_0 + A_1\bar{r}_1 > c\, s^2(X).$$

Wir zeigen, daß der Vektor a nicht auf der Fläche F gelegen ist, d. h. er verläuft im Inneren derselben und das skalare Produkt $(a\bar{n})$ ist größer Null. Tatsächlich wurde das Paraboloid P genügend flach genommen. Deshalb bildet die Normale $\bar{n}$ einen genügend kleinen Winkel mit der Halbachse $z > 0$, der Vektor a ist nach einem der Punkte der Fläche $\bar{\Phi}$ gerichtet, die endlich ist und sich in einem positiven Abstand von der xy-Ebene befindet. Folglich kann der durch diesen Vektor mit der Halbachse $z > 0$ gebildete Winkel nicht beliebig nahe bei $\frac{\pi}{2}$ liegen. Hieraus folgt, daß das skalare Produkt $(a\bar{n})$ als positiv angenommen werden kann. Daß der Vektor a nicht auf der Fläche $\bar{F}$ liegt, ist auch klar; denn dann entsprächen dem Stück a auf $\bar{F}$ auch geradlinige Stücke auf F_0 und F_1', und folglich wäre $r_0^2(Y_0) - r_1^2(Y_0) = 0$, was unmöglich ist.

Wir nehmen jetzt an Stelle der Flächen F_0 und F_1' die gemischten Flächen F_λ und F_μ $(\mu = 1 - \lambda)$ und konstruieren für sie die Flächen $\bar{F}_\lambda$ und Φ_λ, ähnlich wie mit Hilfe der Flächen F_0 und F_1' die Flächen $\bar{F}$ und Φ konstruiert wurden. Man sieht leicht, daß die Fläche $\bar{F}_\lambda$ mit $\bar{F}$ zusammenfällt und die Fläche Φ_λ aus Φ durch eine Ähnlichkeitstransformation bezüglich des Koordinatenanfangspunktes mit dem Ähnlichkeitskoeffizienten $\frac{1}{(\lambda-\mu)^2}$ erhalten wird. Deshalb werden wir in der Umgebung des Punktes Y_0 erhalten

$$-A_\lambda \bar{r}_\lambda + A_\mu \bar{r}_\mu > c_\lambda s_\lambda^2(X), \tag{**}$$

wobei

$$A_\lambda = -\bar{n} + (\lambda a_0 + \mu a_1)\frac{(a\bar{n})}{(\lambda-\mu)^2},$$

$$A_\mu = \bar{n} + (\mu a_0 + \lambda a_1)\frac{(a\bar{n})}{(\lambda-\mu)^2}.$$

Für $\lambda \to \frac{1}{2}$ konvergieren die Richtungen der Vektoren A_λ und A_μ gegen die Richtung des Vektors a. Deshalb verlaufen für λ genügend nahe bei $\frac{1}{2}$ die Vektoren $-A_\lambda$ und $-A_\mu$, die aus den Punkten $r_\lambda(Y_0)$ und $r_\mu(Y_0)$ austreten, innerhalb der Tangentialkegel der Flächen F_λ und F_μ in diesen Punkten, weil der Vektor a bezüglich des Tangentialkegels der Fläche $\bar{F}$ im Punkte $\bar{r}(X_0)$ diese Eigenschaft besitzt, wie oben bemerkt wurde.

Wir verschieben die Fläche F_μ parallel zu sich derart, daß ihr Punkt $r_\mu(Y_0)$ mit dem Punkt $r_\lambda(Y_0)$ auf der Fläche F_λ zusammenfällt, und sodann drehen wir sie um eine durch diesen Punkt hindurchgehende Achse so, daß der Vektor A_μ mit A_λ zusammenfällt. Die Fläche F_μ bezeichnen wir nach ihrer Verschiebung und Drehung mit F_μ'. Wir führen im Raum neue rechtwinklige Koordinaten ein, wobei wir den Punkt $r_\lambda(Y_0)$ als Koordinatenanfang und die Richtung des Vektors A_λ als Richtung der negativen Halbachse z verwenden.

Es sei G eine ε-Umgebung des Punktes Y_0 auf der Fläche F_0. Wir bezeichnen die Bereiche auf den Flächen F_λ und F_μ', die G entsprechen, durch $\bar{F}_\lambda$ bzw. $\bar{F}_\mu'$. Wenn λ genügend nahe bei $\frac{1}{2}$ und ε klein ist, dann ist die gemischte Fläche $\frac{1}{2}(\bar{F}_\lambda + \bar{F}_\mu')$ konvex. Sie wird eindeutig auf die xy-Ebene projiziert, und nach der Seite $z < 0$ zu konvex.

Wir betrachten die Fläche Φ', gegeben für $X \subset G$ durch die Gleichung

$$r = \tilde{r}(X) = r_\lambda(X) + r_\mu'^*(X),$$

wobei $r_\mu'^*(X)$ das Spiegelbild des Vektors $r_\mu'(X)$ bezüglich der xy-Ebene ist. Dann liegt der Punkt $\tilde{r}(Y_0)$ dieser Fläche in der xy-Ebene, die übrigen Punkte der Fläche liegen im Halbraum $z > 0$. Die zweite Behauptung folgt aus der Ungleichung (**), weil $|A_\lambda|$ gleich $|A_\mu|$ (es läßt sich unmittelbar nachprüfen).

In § 1 und § 2 Kap. VI wurde gezeigt, daß fast alle Ebenen α, die gemeinsame Punkte mit der Fläche Φ' besitzen, diese Fläche wesentlich schneiden und ihre Kanten schneiden. Wir nehmen eine Ebene α so, daß sie einen genügend kleinen Winkel mit der xy-Ebene bildet und den Rand der Fläche Φ' nicht schneidet.

Wir spiegeln die Fläche $F_\mu'^*$, gegeben durch die Gleichung $r = r_\mu'^*(X)$, an der Ebene α. Die dadurch erhaltene Fläche bezeichnen wir mit $F_\mu'^{**}$. Wenn die Ebene α einen genügend kleinen Winkel mit der xy-Ebene bildet, dann befinden sich die Flächen F_λ und $F_\mu'^{**}$ in kanonischer Lage bezüglich der Ebene α.

Die Ebene α schneidet die Fläche $\frac{1}{2}(F_\lambda + F_\mu'^*)$ in einer geschlossenen Kurve c (oder in mehreren geschlossenen Kurven). Die entsprechenden Kurven c_μ und $c_\mu'^{**}$ auf den Flächen F_λ und $F_\mu'^{**}$ sind geschlossene, normale, bezüglich der Ebene α abstandsgleiche Kurven (§ 3 Kap. VI). Nun wurde in § 3 Kap. V bewiesen, daß es auf isometrischen konvexen Flächen in kanonischer Lage geschlossene, normale, abstandsgleiche Kurven nicht geben kann.

Wir kamen zu einem Widerspruch. Das Theorem ist bewiesen.

Zum Schluß weisen wir darauf hin, daß die Resultate des V. und VI. Kapitels der vorliegenden Arbeit gestatten, die Forderung der Beschränktheit der spezifischen Krümmung in anderen, vom Autor früher bewiesenen Sätzen über die eindeutige Bestimmtheit konvexer Mützen und unendlicher konvexer Flächen [4] fallen zu lassen, und zwar können die folgenden Sätze bewiesen werden:

1. *Es sei F eine konvexe Mütze.*
   Dann ist eine beliebige konvexe Mütze, isometrisch zu F, kongruent F[1]).
2. *Es sei F eine unendliche konvexe Fläche mit der Gesamtkrümmung* 2π. $\gamma_1, \gamma_2, \ldots, \gamma_n \ldots$ *sei eine unendliche Folge geschlossener Kurven auf F, die sich für* $n \to \infty$ *ins Unendliche entfernen.* s_n *sei die Länge der Kurve* γ_n; ω_n *sei die Krümmung des Bereichs, begrenzt durch die Kurve* γ_n.
   Wenn für $n \to \infty$ *der Ausdruck* $(2\pi - \omega_n)\, s_n \to 0$, *so ist eine beliebige konvexe Fläche, isometrisch zu F, kongruent F.*
3. *Es seien* F_1 *und* F_2 *zwei isometrische, unendliche, gleich orientierte konvexe Flächen mit einer Gesamtkrümmung kleiner* 2π, *die einen gemeinsamen Grenzkegel besitzen, der nicht in einen zweifach bedeckten Ebenenwinkel entartet,*

[1]) Hier wird eine konvexe Mütze etwas umfassender aufgefaßt als bisher, und zwar ist eine Mütze eine konvexe Fläche mit einem ebenen Rand, welche sich auf die Ebene des Randes in den abgeschlossenen Bereich projizieren läßt, der durch den Rand dieser Fläche begrenzt ist.

und eine gewisse Erzeugende dieses Kegels sei Grenzerzeugende für zwei bei der Isometrie entsprechende Strahlen auf diesen Flächen[1]).

Dann sind die Flächen F_1 und F_2 kongruent und parallel gelegen, d. h. sie können durch Parallelverschiebung zur Deckung gebracht werden.

---

[1]) Die Halbgeraden, die aus einem Punkte einer unendlichen konvexen Fläche ins Innere des durch diese begrenzten Körpers führen, bilden einen Kegel (er kann auch in ein Zweiflach entarten). Dieser Kegel heißt Grenzkegel der Fläche.

Eine unendliche Kurve γ, die aus dem Punkte O auf einer unendlichen konvexen Fläche herauskommt, heißt Strahl, wenn ein beliebiges Stück derselben eine Kürzeste ist. Die Richtung der Halbtangenten an den Strahl γ im Punkte X konvergiert für $X \to \infty$ gegen die Richtung einer der Erzeugenden des Grenzkegels der Fläche. Diese Erzeugende heißt Grenzerzeugende des Strahls γ.

LITERATUR

[1] ALEXANDROW, A. D. — Александров, А. Д.
Внутренняя геометрия выпуклых поверхностей. Гостехиздат.
(Die innere Geometrie der konvexen Flächen. Staatsverlag für techn.-theor. Literatur) 1948.

[2] LIEBERMANN, I. M. — Либерман, И. М.
Геодезичсекие линии на выпуклых поверхностях. ДАН.
(Geodätische Linien auf konvexen Flächen. Berichte der Akademie der Wissenschaften, Moskau), Band XXX, Nr. 7 (1942).

[3] SALGALLER, W. A. — Залгаллер, В. А.
О кривых ограниченной вариадии поворота на выпуклой поверхности. Мат. сб.
(Über Kurven beschränkter Schwenkungsvariation auf konvexen Flächen. Mathematische Sammlung), Band 26 (68) : 2 (1950).

[4] POGORELOW, A. W. — Погорелов, А. В.
Однозначная определенность выпуклых поверхностей. Труды Математического института АН СССР им. В. А. Стеклова.
(Die eindeutige Bestimmung allgemeiner konvexer Flächen. Arbeiten des W. A. Steklow-Instituts für Mathematik an der Akademie der Wissenschaften der UdSSR), Bd. XXIX (1949).